Access 数据库
文字学应用实例

张再兴 ◎ 著

上海辞书出版社

本书得到2022年度华东师范大学研究生课程建设项目资助

目录

绪论

计算机技术的飞速发展为许多学科都带来了巨大的变革。对于历史悠久的汉语言文字学来说，影响同样十分显著。如果说一个多世纪前甲骨文、敦煌文书、居延汉简等新材料的发现为文字学开创了一个新的历史时期，那么一个世纪后的今天，计算机技术所带来的新技术和新方法使古老的文字学融入了时代的潮流。计算机的普及使传统的文字学研究走出了纸笔卡片的时代，而数据库技术的广泛应用，带来的不仅是资料检索手段的便捷，更是研究思路、研究方法的革新以及研究视角、研究领域的全方位拓展。

一 文字材料数量庞大

汉语言文字学以历史悠久、数量庞大的汉字系统为研究对象。历代书写的文字材料既包括大多为纸质印刷的传世文献中的文字，也包括其他各种材质的出土文献上的文字，如甲骨文、金文、简帛文、石刻文、玺印文等，数量极其庞大。从文字单位和文献字形两个角度，可以认识汉字系统的庞大数据量。

（一）文字单位的数量

文字单位，传统文字编和字典学称为"字头"，汉字信息处理和计算语言学在进行字频统计时称为"单字""字种""类符"或"字型"等。[1]

---

[1] 郭平欣、张淞芝主编：《汉字信息处理技术》，国防工业出版社，1985年，第52页。杨惠中：《语料库语言学导论》，上海外语教育出版社，2002年，第153页。陈小荷、冯敏萱、徐润华等：《先秦文献信息处理》，世界图书出版公司，2013年，第147页。

虽然"汉字字数无定",[①]但某种字书收录的字量是固定且可以统计的。因此,传世字书及现代字典是文字单位数量统计的常用依据。几种常见字书字典的收字统计数据见表1。

表1　部分常见字书字典收字统计

时间	书　名	字数	说　明
东汉	《说文解字》	10 516	据自序,含重文1 163字
南朝	《玉篇》 《宋本玉篇》	16 917 22 561	据唐《封氏闻见记》所记 据张氏泽存唐本各部所记字数统计[②]
宋朝	《类篇》	31 319	据《类篇序》
明朝	《字汇》	33 179	据《字汇序》
清朝	《康熙字典》	47 043	据《汉语大字典》湖北收字组统计[③]
1990年	《汉语大字典》(第一版)	54 678	据《汉语大字典·第二版修订说明》[④]
2010年	《汉语大字典》(第二版)	60 370	同上

再来看先秦两汉出土文献的文字编字头数据:《新甲骨文编》正编字头约2 350个,[⑤]《新金文编》正编字头编号3 020个,[⑥]《汉代文字编》字头编号3 807个。[⑦]文字编的字头数量比字书字典的收字数量要少许多,主要是由于文字编只收录某个断代的材料,而字书字典则包含了历史文字的积累。如果单就某种或某类传世文献进行统计,所用文字单位数量也远达不到字书字典的规模。例如,根据学者的统计,十三经所使用的文字单位共6 794个。[⑧]在处理方式上,文字编一般将异构字列于正体字头下,并不独立作为字头,这也使字头数量偏少。此外,甲骨文、金文等除了正编收录的已识字外,还有不少的未释字。出土古文字材料中还不断出现传世字书未收录的新见字形。例如,战国楚简中未见于后世字韵书的新出字至少有2 766例。[⑨]

① 苏培成:《现代汉字学纲要》(第3版),商务印书馆,2014年,第47页。

② 胡朴安:《中国文字学史》,中国书店,1983年,第87—88页。

③ 汉语大词典编纂处整理:《康熙字典》(标点整理本),汉语大词典出版社,2002年,前言第1页。

④ 汉语大字典编辑委员会:《汉语大字典》(第二版),崇文书局、四川辞书出版社,2010年,第13页。

⑤ 刘钊、洪飏、张新俊:《新甲骨文编》,福建人民出版社,2009年,第1043页。

⑥ 董莲池:《新金文编》,作家出版社,2011年。

⑦ 徐正考、肖攀:《汉代文字编》,作家出版社,2016年。

⑧ 海柳文:《十三经字频研究》,高等教育出版社,2011年,第19页。

⑨ 蒋德平:《楚简新出字研究》,商务印书馆,2019年,第617—720页。

在说明文字单位的数量时，上述这些文字单位虽然不能直接累加，但是综合时代层次、异体结构等因素，仍然可以看出汉字文字单位的数量庞大。

（二）文献字形的数量

文字学研究需要直接面对原始的文献，因而从文献字形数量的角度，历代积累的数量庞大的文字材料更加值得注意。[①]浩如烟海的传世文献字数难以进行确切统计，只能根据已有学者的统计进行举例：十三经共计616 328字，[②]中华书局标点本《史记》共计572 864字，[③]中华书局标点本《汉书》共计802 586字。[④]

先秦两汉出土文献依据材质划分，种类繁多。就其大宗而言，甲骨文大约有150万字，[⑤]根据我们的数据库统计，商周金文超过17万字，战国楚简超过12万字，秦汉简帛已经超过100万字，汉代石刻超过5万字。而这些出土文献还不断有新的发现和刊布，文献字数自然也会随之不断扩展。例如，2022年11月出版的《张家山汉墓竹简［三三六号墓］》就有近2万字。[⑥]

二　文字系统结构复杂

数量庞大的汉字是一个内部结构极其复杂的完整系统。学者们对此有很多的论述。王凤阳先生指出："所谓文字的体系性，就是说每种文字都存在在写词法（或表达法）、造字法、构形法以及相应的正字法的依次的产生和制约之中，它们的综合构成一个区别于另一体系的文字的封闭的、有机的整体。"[⑦]王宁先生针对汉字的构形系统指出："根据系统论的原理，汉字作为一种信息载体，一种被社会创建又被社会共同使用的符号，在构形上必然是以系统的形式存在的。"[⑧]

"语言的实际情况使我们无论从哪一方面去进行研究，都找不到简单的东西；

---

① 字形，或称"形符"，与"类符"相对；或称"字例"，与"字型"相对。指文献中实际出现的文字数量。
② 海柳文：《十三经字频研究》，高等教育出版社，2011年，第19页。
③ 李波：《史记字频研究》，商务印书馆，2006年，第39页。
④ 海柳文：《〈汉书〉字频研究》，花木兰出版社，2013年，第24页。
⑤ 陈英杰：《谈甲骨文单字的数量及其相关问题》，《中国书法》2019年第12期。
⑥ 荆州博物馆编，彭浩主编：《张家山汉墓竹简［三三六号墓］》，文物出版社，2022年。
⑦ 王凤阳：《汉字学》，吉林文史出版社，1992年，第261页。
⑧ 王宁：《汉字构形学导论》，商务印书馆，2015年，第190页。

随时随地都是这种互相制约的各项要素的复杂平衡。"①同样，记录汉语的汉字系统的各个层面、各项要素之间均存在相互关联、相互影响的复杂的动态关系，例如文字系统中字与字之间的字际关系、构建文字系统的构件系统、一个字形的内部形体结构、字在记录语言时形成的字词关系及所形成的功能系统等。

（一）复杂的字际关系

字际关系是文字学研究关注的重要领域之一。汉字系统在发展过程中，为了满足记录语言的需要，一直在不断地进行调整。"在汉字发展的过程里，人们一方面在不断分化文字，一方面为了控制字数、简化字形（借笔画少的字代替笔画多的字），或是由于使用文字的某些习惯，又在不断合并文字。"②字形的分化与合并等演变过程造成了错综复杂的动态字际关系，其变化发展的具体过程、时间节点等均需要系统的考察。

构形理据、字形书写与使用习惯等差异时常会增加字际关系的复杂性。甲骨文的"隻"字以隹、又会意捕获，为"獲"字初文。它与后世量词的"隻"是同形的关系。而汉简中常见以"隻"记{双}，可以看作是"雙"的省写异体，与表示单只的"隻"字同形。例如，凤凰山一八八号汉墓遣策"凡言'隻'者，出土实物多为双。'雙'简省作'隻'，盖汉代习俗"。③悬泉汉简I90DXT0112③:129号简中，来自县的鸡"廿八隻（雙）一枚"，置自买的鸡"十五隻（雙）一枚"，共计"卌四隻（雙）"，这里一只为"枚"，一双为"隻"，区分明确。

书写过程中的构件类化、讹混，造成不少的书写同形。如汉简中的"豐""豊"字形时常难以区别。隶变、草化等书体演变也会引起字际关系的变化。例如，汉简中的构件"艸""竹"形体混同，造成大量的同形字，如"菅—管""藉—籍""蘭—簫"等。这些情况中，文字单位的认定常常需要依靠语境。

西北屯戍汉简中的常见年号"居摄"之"摄"写作"聑"，相关统计数据见表2。从字形看应该是"聶"的省写，与《说文解字》释"安也"的"聑"只是同形关系。这样看来，《汉语大字典》"聑"字下收的敦煌马圈湾、居延汉简的两个例子并不妥当，④应该改入"聶"字下。不过汉简中用作年号的"摄"并没有写作"聶"

---

① ［瑞士］索绪尔著、高名凯译：《普通语言学概论》，商务印书馆，1980年，第169页。

② 裘锡圭：《文字学概要（修订本）》，商务印书馆，2013年，第245页。

③ 湖北省文物考古研究所：《江陵凤凰山西汉简牍》，中华书局，2012年，第164页。

④ 汉语大字典编辑委员会：《汉语大字典》（第二版），崇文书局、四川辞书出版社，2010年，第2979页。

的例子。"聶"用作"摄"时的搭配只有"聶（攝）提挌（格）"（马王堆汉墓帛书《五星占》）、"聶（攝）天下之政"（定州汉简《儒家者言》0782）、"聶（攝）生"（北大汉简《老子上经》035）、"聶（攝）酒"（武威汉简《仪礼·甲本有司》001）等例子。

表2　西北屯戍汉简"摄""聶"用字分布

字	总计	居延汉简	居延新简	肩水金关汉简	敦煌汉简	额济纳汉简	地湾汉简
攝	30	7	5	11	3	4	
聶	54	3	5	21	13	1	11

（二）复杂的形体结构

在汉字的书写中，多种异体并存是十分常见的现象。从形体差别的类型来看，异体包括构件的替换、增减及构件方位的变化等形成的异构字，也包括构件书写差异形成的异写字。从共时的角度来看，不仅同一个时间段内形体变化众多，如西周金文中"鑄""揚""寶"等字，而且同一个字的多种异体在使用频度上常有差别，显示了其在通用性上的差异。从历时的角度来看，不同异体形式的历时变化也很常见，呈现其在流行期上的差异。例如，"聞"字从甲骨文的 ，到战国金文的 ，再到秦简中的 ，经历了从会意到形声的结构变化，声符还经历了从"昏"到"门"的变化过程。此外，不少形体在某个时段、某种材料中可能还具有功能上的差异。这些都需要深入全部的数据层面细致考察。例如，"灋"，《说文解字》将"法"作为"今文省"的写法。分析秦汉简帛中的形体使用情况，可以发现两者具有比较明显的时代分布、文献分布和功能分布特点。

1. 从时代分布来看，"灋"的使用呈现出明显的递减趋势。（见表3）

表3　秦汉简帛中"法""灋"用字的时代分布

字	总计	秦	西汉早期	西汉中晚期	东汉
法	567	111	275	128	53
灋	236	186	42	8	

秦简牍中，"瀍"的使用数量要多于"法"。战国末期的睡虎地秦简中，40例均写作"瀍"。西汉早期，两者的数量比例产生了巨大的逆转，"法"的数量已经是"瀍"的近7倍。到了西汉中晚期，"瀍"仅剩8例，均出现在北大汉简中，各篇中两种形体并不共见，"瀍"见于《苍颉篇》《老子》《周驯》，"法"则见于《赵正书》《阴阳家言》《反淫》《节》《堪舆》。

2. 从文献分布和功能分布来看，算术类文献写法特殊。

岳麓秦简102例作"法"，其中100例出现在数学文献《数》中，120例作"瀍"，绝大多数出现在其他各篇。同篇两种写法共见的例子很少。[1] 张家山247号墓汉简《算数书》101例均作"法"，其余各篇共34例，均作"瀍"。而在张家山336号墓汉简中，《徹谷食气》3例作"法"，《功令》《汉律十六章》19例均作"瀍"。有学者认为简写的"法"表示数学专业术语"除数"，秦和汉初人们可能用繁简不同的异体来表示不同的词。[2]

构件的形体变化也值得关注。通过系统性的梳理，可以明确构件形体的发展变化轨迹，对字形考释、材料断代均有重要作用。我们对商周金文的构件"鼎""灬"以及块面状形体等进行过比较系统的考察。[3]

（三）复杂的记词功能

就字与词的对应关系来看，一个字记录多个词、一个词用多个字记录，这些情况在不同历史时期的文字材料中都很常见。在复杂的用字变化中，既有趋势性的用字变化，能够反映字词关系的内在系统调整，并不断朝着记词明确性的方向发展，又有时代、地域、书写个体、文本传抄、语言环境、政府干预等造成的带有一定临时性、偶然性的变化。基于这种复杂性和系统性，无论从字的记词功能视角，还是从词的用字形式视角，用字习惯的发展变化认识都需要系统的定量分析。[4]

---

[1] 《衰分类算题》19例作"法"，4例作"瀍"，出现在136简、145简、146简，中间144简有2例作"法"。第三组1例作"瀍"（2140正，见《岳麓书院藏秦简（柒）》，第181页），1例作"法"（0034+C1-4-5正，见《岳麓书院藏秦简（柒）》，第211页）。《为吏治官及黔首》72简作"瀍"，83简作"法"（见《岳麓书院藏秦简（壹）》，第141页、146页）。

[2] 翁明鹏：《秦简牍和张家山汉简中"瀍""法"分流现象试说》，《励耘语言学刊》2019年第2辑。

[3] 张再兴：《商周金文数字化研究》，上海书店出版社，2017年。

[4] 张再兴、林岚：《秦汉简帛用字习惯研究的若干认识》，《中国文字研究》第35辑，华东师范大学出版社，2022年。

（四）大数据视角下复杂关系的挖掘和审视

汉字发展过程中的许多现象都是汉字系统各要素相互作用的产物，而各要素关系的复杂性在庞大的数据面前会更加凸显，随之而来的则是认识上的差异性和模糊性。例如，"復"原来应该是"复"的分化字，但是也有可能"复"跟"復"本来就是一字的繁简二体。①

《说文解字》中"勇"之古文"恿"，在秦汉简帛中分别用作"痛"和"勇"，两种用法具有明显的时间先后差异。秦和西汉早期主要用作"勇"，西汉中晚期以后主要用作"痛"。学者或看作是"痛"之异体，或看作是"勇"之异体，从构形理据上看均有充分的依据。②

谋猷的"猷"和犹如的"猶"由同一个字的异体分化而来，传统《说文》学家对两字关系的歧说颇多。段玉裁《说文解字注》："今字分猷谋字犬在右，语助字犬在左，经典绝无此例。"沈涛《说文古本考》："猶猷皆经典习用字，猶盖猷之重文，今本为浅人所删改，而注中尚作猷，则改之未尽也。"王筠《说文解字句读》："猷猶一字，凡谋猷字《尚书》作猷，毛诗作猶。"邵瑛《说文解字群经正字》："《说文》无猷字，猶正猷之本字也。自后人别立猷字，猶猷遂截分为二义，不相通用。"秦汉简帛中尚未见明确的区分，如马王堆汉墓帛书《五行》中犹如的{犹}，10例作"猶"，3例作"猷"。

"搜索"的"搜"除了居延汉简179.9写作"搜"外，大多写作"廋"（27例），也有少量例子写作"瘦"（3例）。"搜""廋""瘦"均以"叟"为声符，"廋""瘦"均可以看作是"搜"的借字。不过，秦汉简帛中的构件"疒"和"广"时见混同，如"病"写作"庯"。因此，将"廋""瘦"看作异体字也未尝不可。秦汉文字中"廋"本用的例子很少。熹平石经《论语》"人焉廋"，居延汉简4.6A借"叟"字。秦汉简中的"瘦"写作"廋"有12例，写作"瘦"反而要少一些，只有7例。

《说文解字》分"诈""詐"为二字，释"诈"为欺，释"詐"为惭语。而徐灏、邵瑛等则认为二者为一字。③《正字通》酉集卷十："詐，俗诈字。"秦汉简

---

① 裘锡圭：《文字学概要（修订本）》，商务印书馆，2013年，第236页。

② 张再兴、张磊：《秦汉文字中{痛}之用字及相关问题》，《中医药文化》2021年第6期。

③ 徐灏《说文解字注笺》："诈詐盖本一字。"邵瑛《说文解字群经正字》："诈詐古盖一字。今经典只用诈字。"

帛中所见"詐"字有70余例,绝大多数表示欺诈义。"诈"字在秦汉简帛中的数量接近,不过两者的时代分布有明显的区别。秦、西汉早期基本用"詐",[①]西汉中期以后基本用"诈"。从这个实际使用情况来看,"诈""詐"可能确实是一字异体。

大数据理论重视相关性的分析,并以此作为"进一步的因果关系分析"的基础。同时,"相关关系没有绝对,只有可能性"。[②]面对数量庞大的汉字系统,我们同样可以以这种理论为指导,重视挖掘文字系统各因素之间的相关性。在文字系统发展演变的过程中,多种因素之间相互影响的内在机制错综复杂,常常难以明确因果关系,或者区分多种因素的影响。因此,在大数据提供的复杂的字形相关性网络中,我们可以重新认识字形的形音义,从而在系统关联中解决问题。

三 文字学研究注重客观材料

作为众多书写者的书写结果,汉字材料整体是一种客观存在的材料。书写者个体在进行文本书写时虽然存在某种程度的主观性,但他们的书写依然需要遵循约定俗成的书写规则,否则就无法让他人看懂。因而,基于这些客观材料的汉字研究具有浓厚的自然科学特点。这种特点决定了客观的数据材料分析在文字学研究中具有十分重要的地位。语言文字研究素有注重占有材料的传统。许嘉璐先生在总结古代语言学的长处时,其中有一条就是"重材料",他说:"语言文字学,归根结底是一门验证科学。语言文字学要总结规律,规律就存在于语言和文字的事实之中,离开了语言文字的材料,就没有了语言文字学。"[③]

学者们认为注重搜集、整理和分析材料的传统,正是尊重语言文字客观性的体现,与现代定量统计方法相符。"古人重材料的传统,与现在重视语料的穷尽性、

---

① 睡虎地秦简有2例"诈",2例"詐"用作"诅"。张家山汉简247号墓有19例"詐",2例"诈",336号墓14例均为"詐"。时代偏晚的银雀山汉简有9例"诈",只有1例"詐"。

② [英]维克托·迈尔-舍恩伯格、肯尼斯·库克耶著,盛杨燕、周涛译:《大数据时代:生活、工作与思维的大变革》,浙江人民出版社,2013年,第88页、72页。

③ 许嘉璐:《语言文字学及其应用研究》,广东教育出版社,1999年,第24页。

提倡定量研究和定性研究相结合的方法实质上是同一原理。"① "在汉语研究史上，'例不十，法不立'的意义不容低估。它既是清代'无征不信'原则的终结，又是现代语言学数量统计方法的前驱。"②

　　然而在没有相应工具书和计算机的情况下，掌握材料并非易事。怎样获取材料一直是困扰学者们的难题。除了花费大量时间阅读强识、制作卡片等，似乎没有太好的方法。李学勤先生谈到他在二十世纪五十年代研究甲骨文时说他要"把那时已出版的著录翻检一遍，摘出所需材料，大约用三个月，而想弄清一个比较大的问题，每每要查检几遍才行"。③搜集材料之艰辛可见一斑。

　　为解决材料检索的问题，学者们一直在不断地努力。历代的字书、韵书、雅书、类书等在编纂时无不带有方便查阅资料的目的。二十世纪三四十年代哈佛—燕京学社引得编纂处编纂的数十种系列引得，正是为了满足古籍资料检索方面的需求而产生的。现在的各种古文字文字编、古文字类纂等也是为了满足对古文字字形、辞例的检索需要而产生的。

　　工具书的体例也在不断地完善，而这种完善正是以材料处理方法和技术的不断进步为基础的。以古文字研究中常见的工具书——文字编的发展过程为例，早期的文字编一般采用选择代表性字形的方式进行编纂，如《甲骨文编》《金文编》等。由于对形体差异程度及差异价值的把握见仁见智，这种选形方式难免受到编纂者个人主观因素的影响，从而遗漏一些可能具有独特价值的、差别细微的过渡性形体。事实上，每一个书写的古文字形体可能都具有独特的认识价值。为了避免文字编的这种不足，近年来出现了文字全编的形式，如《马王堆汉墓简帛文字全编》等。④在排列全部字形的基础上，可以通过穷尽的形体数量比例统计来探究书写者个人差异、地域差异、时代差异等特点。近些年一些学者进行的甲骨文形体的分类组排比就是在全部形体的基础上进行的。随着对古文字形体和语境相结合的不断重视，文字编还出现了字形与辞例相结合的形式，如《秦文字编》等。⑤

---

① 许嘉璐：《语言文字学及其应用研究》，广东教育出版社，1999年，第26页。
② 唐钰明：《"例不十，法不立"的来历及意义》，《语文建设》1995年第1期。
③ 李学勤：《理论·材料·眼界》，《缀古集》，上海古籍出版社，1998年，第205页。
④ 刘钊主编：《马王堆汉墓简帛文字全编》，中华书局，2020年。
⑤ 王辉主编：《秦文字编》，中华书局，2015年。

四 基于数据库的文字学研究新趋势

在现代计算机数据库技术的支持下，文字学资料的检索已经不再成为一个难题。更为重要的是，数量庞大的文字资料和文字学研究的自身特点，使数据库技术在文字学领域的应用不断扩展，数据库在文字学研究中得天独厚的优势更加凸显。可以说，数据库技术充分契合了文字学研究发展的新趋势、新方向，为文字学研究的新发展提供了强大的助力。

正是基于这种认识，近年来，文字学相关的数据库建设不断取得进展。许多研究单位和学者着手建设各种类型的文字学数据库。各级各类立项课题中，以"数据库建设"为名的课题逐渐增多。在文字学各个领域的研究中，数据库的充分利用，也在研究方法上提供了许多新的思路和途径。

1. 从举例到穷尽的材料处理方式

要说明某种语言文字现象是否存在，只要举一个例子即可。不过，要说明这种现象是否具有普遍性，几个例子远远不够，需要有穷尽的定量统计数据。从历时的角度来看，要进一步说明现象变化发展的趋势和过程等更需要穷尽的统计数据。穷尽材料在清代小学家那里其实很常见。例如，王念孙"每言'遍考群经''遍考书传''参之群书''参之他经''证以成训'，若有驳难，就说'经传无征''古训无征''于礼无据'"。[⑥]这些表述其实就是建立在穷尽统计的基础上。现代学者更是认为穷尽数据分析可以"改变思维方式"，从"例不十，法不立"步入"'法欲立，例必全'的新标准"。[⑦]

所谓"说有容易说无难"，举例方法也无法说明某种语言文字现象不存在。穷尽的定量统计和数据比较，可以了解和认识语言文字现象产生、发展、消亡的过程，发现趋势和规律，从而给我们相当的说"无"的勇气。例如，通过穷尽考察秦汉简帛中记录背部的{背}的用字习惯，发现西汉早期出现个别的"背"字，西汉中晚期数量明显增加，据此可以认为西汉早期是"背"字产生的时间，西汉早期以前

---

⑥ 许嘉璐：《语言文字学及其应用研究》，广东教育出版社，1999年，第25页。
⑦ 李波：《史记字频研究》，商务印书馆，2006年，第9页。

可能还没有"背"字。[①]新发表的虎溪山汉简、张家山336号墓汉简中的{背}也是用"北"字,进一步证明西汉早期通行记{背}的用字是"北"。

此外,基于穷尽的数据,要进行举例,也更容易选择合适的例证。依靠阅读积累材料遇到反面例证的可能概率不高,很多时候比较容易忽略这种例证。而穷尽数据中如果出现数量较多的反面例证,既比较容易发现,也更有助于重新思考结论。

2. 定量与定性相结合

定量方法可以对语言文字现象的数量特点、数量比例关系、历时发展变化过程中的数量变化等进行系统考察,从而认识语言文字规律,得出比较科学、准确的定性结论。如汉字系统各个阶段的形声字比例、结构层次比例等。在出土文献的用字研究中,"高频的习见用字与低频的偶见用字的地位并不能等量齐观。同时,用字现象也常存在产生、流行、消亡的过程。因此,用字研究不仅需要了解某种用字形式的存在与否,还需要了解其地位和发展变化。而这样的研究需要以定量的统计分析为基础"。[②]

传统的文字学研究囿于条件,定量的分析常常只能小范围抽样,甚至仅仅是举例性的定量分析。在数据库的支持下,定量分析得到了更广泛的应用。例如,随着各种典籍数据库的发展完善,突破某种专书的限制,以量化统计的方式对汉语史字词发展演变进行研究的论著不断增多。

在定量的条件下,对于文字现象的定性认识还可以深入更细致的层面。统计学上有著名的辛普森悖论,主要指数据从整体上所得出的结论和分层次分组类得出的结论存在巨大差异甚至截然相反。多角度的分组分类深入分析有助于寻找影响结果的潜在因素。例如,通过用字形式数量的多角度对比,判断用字形式是不是一种大众习惯,在流行范围上有什么特点,如时代、地域、文献分布、篇章分布、写手个人习惯等差异。

3. 宏观与微观相结合

在定量的数据统计分析基础上,一方面可以用大数据解决小问题,例如基于日

---

① 张再兴:《基于秦汉简帛语料库的"倍""背"记词变化考察》,《励耘语言学刊》2019年第1辑。
② 张再兴:《秦汉简帛文献用字计量研究及相关工具书设计》,《辞书研究》2022年第4期。

益发展完善的古代文献数据库，探讨个体字词的发展演变过程，如许多学者进行了某组同义词的"历时更替"研究，这是一种基于系统视野的个案研究。另一方面，可以得出一些宏观的结论，解决系统性的问题，例如"汉字效用递减率"[①]、"高频趋减"等。[②]

在数据库提供的全面材料支持下，系统化的研究方法可以大量采用，从而"变孤立的、个体的、局部的研究为联系的、整体的和系统的研究；变单视点的、平面的、定向的研究为多角度、多层次和全方位的研究"。[③]文字学中系统化研究的一个突出表现就是文字系统各个方面的谱系梳理，例如声符谱系、偏旁谱系、字形演变谱系等。数据库技术为系统化的研究提供了便捷的实现方法。"像这样一个多维的、庞大的文字形音义系统和文化知识系统，用人工来实现它的全面联系，几乎是不可能的，必须采用计算机技术，而语料库方法及相关技术当为首选。"[④]许良越先生则"以 Microsoft Access 2010 为系统运行平台，经实际操作表明，构建的'《文始》《说文》数据库'能对《文始》全书各卷各条目的收字组成情况、初文准初文情况、韵转声转情况、变易孳乳情况、书证引文情况等进行穷尽性查询、统计、分析，并能随时与《说文》数据表各字段信息进行关联比对，在此基础上可生成详细到字头形音义及字族派生层次类别信息的数据报表，从而为《文始》的系统整理与全面考察提供了实证性、计量化的研究环境。这些是传统训诂疏证式方法所无法比拟的"。[⑤]

五　数据库的优势

数据库，顾名思义，就是存储数据的仓库，即关于某个特定主题或目标的信息集合。数据库的优势不仅在于可以存储静态的数据，还可以对其中的数据进行动态更新，包括扩展数据收录范围以及进行属性标记等深入加工，也可以通过深度开发不断强化在检索、统计分析、格式输出等方面的功能。

---

① 周有光：《周有光文集·中国语文纵横谈》，中央编译出版社，2013年，第176—177页。

② 王凤阳：《汉字学》，吉林文史出版社，1992年，第612—613页。

③ 盛玉麒、王新华、张树铮：《中文"三古"现代化的思考》，《语文建设》1993年第10期。

④ 宋继华、王宁、胡佳佳：《基于语料库方法的数字化〈说文〉学研究环境的构建》，《语言文字应用》2007年第2期。

⑤ 许良越：《章太炎〈文始〉同源字典》，中国社会科学出版社，2018年，第13页。

1. 数据库可以存储数量庞大的数据

现代语料库已达到上亿字的规模。就古文字学研究而言，一个数据库存储所有已经发表的出土古文字材料并非难事。而数据库具有开放性，其中存储的数据可以不断进行扩展。例如，新出土新发表的青铜器铭文、简牍等出土文献材料可以不断加入数据库中，增强所收录材料的完备性。一个数据库还可以集成多种相关数据，比如所需的古文字工具书信息等。

2. 数据库具有强大的数据检索功能

数据库检索能够在极短的时间内找到所需的穷尽性资料，可以做到以秒为单位，即检即得，这不仅极大地提高了学术研究中处理材料的效率，也为穷尽、定量、系统等研究方法的充分利用提供了更为便捷的实现途径。数据库检索中复杂条件的应用，精确与模糊等匹配模式为检索结果的查全率和查准率提供了保障。数据库还可以提供多重检索入口，如字书的检索，不仅仅可以通过字头，还可以通过训释词进行全文检索，这为检索同义字、近义字，关联形音义相关的字群等提供了极大的便利。

3. 数据库能够扩展数据集合的价值和应用范围

数据库中设计合理的结构化数据可以通过不断加工，深化属性标注，并通过多次重组，反复再利用，实现后续多种应用，充分发挥所存储数据的潜在价值，实现"一套数据多种应用"。[①]例如，基于从二十世纪末开始建设的商周金文数据库，先后编纂了《金文引得·殷商西周卷》《金文引得·春秋战国卷》，[②]制作了《商周金文数字化处理系统》软件光盘。[③]此后，不断增补新发表的金文材料，根据学界考释研究成果修正数据，细化各种属性标注。在最新版本的数据库基础上，编纂了兼顾原始字形和辞例的《商周金文原形类纂》。[④]

4. 数据库具有高效的格式化数据输出功能

工具书在文字学研究中具有极其重要的地位。从《说文解字》开始，历代的字书数量丰富。现代除了大众熟知的字典、词典外，传统的文字学工具书还常见文字编、引得等。使用传统纸质卡片方式编纂工具书工程浩大，十分费时费力。如张亚

① 王荟、肖禹：《汉语文古籍全文文本化研究》，国家图书馆出版社，2012年，第13页。
② 华东师范大学中国文字研究与应用中心：《金文引得·殷商西周卷》，广西教育出版社，2001年。华东师范大学中国文字研究与应用中心：《金文引得·春秋战国卷》，广西教育出版社，2002年。
③ 华东师范大学中国文字研究与应用中心：《商周金文数字化研究》，广西教育出版社，2003年。
④ 董莲池、刘志基、张再兴、苏影：《商周金文原形类纂》，学苑出版社，即出。

初先生编纂《殷周金文集成引得》用了十年的宝贵时间，[①]可见其工程之巨，工作之艰辛。而基于词典数据库，则"可以根据用户需求生成经初步排版的各类词典脚本"。[②]虽然基础数据库的建设仍然需要花费巨大的时间和精力，不过就编纂步骤而言，使用数据库可以极大地减少工作量。

基于古文字数据库，我们编纂了多种古文字工具书。本书第五章将介绍这些工具书的基本编纂技术。

5. 数据库具有深层次、多角度的排序和统计分析功能

这些功能提供了文字学研究新方法的同时，也在不断开拓新的研究领域。

区分不同文献的数据库，可以进行文献差异方面的统计分析。例如，字频词频统计中一般要结合频率和分布，以此反映字词的通用性。[③]考察文本的总体性特征时，"单纯的形符数和类符数不能反映文本的本质特征，但两者的比率却在一定程度上反映了文本的某种本质特征，即用词的变化性"。"按一定的长度分批计算文本的类符形符比"，通过计算其平均值得出的标准化形符类符比，则可以更好地反映用词的变化性。[④]

标注地域、时代等属性的文字材料，可以进行地域差异以及历时发展演变的研究。例如，汉字中复杂的一形多音义现象，"如果着眼于各个字在某一较短时期内的实际用法，情况就会大有不同"。[⑤]这就要求相关研究深入到时间断代层面。基于两周秦汉出土文献，我们对"丌""其"的使用进行过地域差异和历时差异的统计分析研究，发现先秦时期两者的使用具有明显的地域特色。[⑥]

通过排序，还可以深入文献内部，发现文献不同部分由于来源或者书写者的不同而造成的用字习惯的差异。如马王堆汉墓帛书《战国纵横家书》、武威汉简《仪礼·甲本有司》各个部分之间的用字差异等。[⑦]

---

① 张亚初：《殷周金文集成引得·后记》，中华书局，2001年。
② 章宜华：《计算词典学》，上海辞书出版社，2013年，第14页。
③ 尹斌庸、方世增：《词频统计的新概念和新方法》，《语言文字应用》1994年第2期。
④ 杨惠中主编：《语料库语言学导论》，上海外语教育出版社，2002年，第153页。
⑤ 裘锡圭：《文字学概要（修订本）》，商务印书馆，2013年，第256页。
⑥ 张再兴：《基于两周秦汉出土文献数据库的"丌（亓）""其"关系考论》，《中国文字研究》第24辑，上海书店出版社，2016年。
⑦ 陈怡彬：《马王堆简帛用字研究》，华东师范大学硕士学位论文，2020年，第137页。张再兴：《从出土秦汉文献看"豆""荅""合"的记词转移》，《语文研究》2018年第3期。

本书第六章将以秦汉简帛文献用字为例，对多角度的统计分析进行说明。

六 Access 数据库的优点

数据库可以提高数据的使用效率，在文字学研究中具有明显的优势。目前，已有不少开放使用的出土文献、传世文献以及传世字书的网络数据库，为相关数据的检索提供了极大的便利。不过，由于每个人的研究往往有着特殊性，能够满足数据检索需求的公共数据库并不一定能完全满足个人的研究需求。为个人的研究目标建立相应的数据库，具有更好的针对性。本书的目标即是为了让没有计算机专业背景的文字学研究者学习建立符合自己研究需求的独特个人数据库，从而使数据库为自身的文字学研究提供重要助力。

随着计算机在语言文字研究领域的广泛应用，能够使用的数据库平台也是多种多样。不过大型数据库管理系统相对比较复杂，学习不易。同时，以文本文件等作为数据存储，不方便使用分行赋码的方式标注字词的多方面属性，也不容易建立数据关系，故在检索与统计分析时一般需要配套的专用检索软件。

Access 数据库是一种面向对象的关系型数据库管理系统。关系型数据库使用多个表格存储不同类型的数据，并通过设置表格之间的关系建立数据关联，便于管理多个表中的不同类型数据，保证表之间数据的完整性、关联的有效性。关系型数据库适合处理结构化数据，强调数据的完整性和一致性。关系型数据库一般采用结构化查询语言（SQL）进行数据查询，可以进行比较复杂的数据查询和分析。对于没有计算机专业背景的语言文字研究者来说，Access 是非常合适的数据库平台。

Access 数据库的优点有：

1. 方便易得

Access 数据库同常用的 Word、Excel 一样，是 Microsoft Office 办公软件的组件之一，方便易得。

2. 性能良好

从数据容量来看，Access 数据库虽不一定能够与大型数据库相比，但是数据量也可以到上千万条，足够建立适合个人使用的文字学数据库。从功能上看，Access

多种类型的查询能够提供丰富的检索、统计分析功能，运用VBA代码还可以具备强大的自动化处理能力。

3. 易学易用

Access将所有数据库对象集成在一个窗口，界面友好，使用方便。各类表设计、查询设计、窗体设计向导提供了便捷的可视化操作工具和选项，大大方便了数据库的设计与建设。在不接触代码或低代码的状况下，即可完成大量的统计分析及数据可视化工作，开发出功能强大的数据库。而VBA代码也比较简单易学，其中的Auto List Members等功能方便编程。

4. 优良的外部数据关联能力

Access不仅与Office套件中的Word、Excel具有非常方便的数据对接功能，与SQL Server等专业数据库也方便交互，可实现数据转移。

七　Access运行环境简介

Access 2003及以前的版本使用mdb文件格式。Access 2007开始使用accdb文件格式，同时兼容mdb格式。本书中各种对象的操作内容均依据Access 2021，使用到的相关文字学数据库举例许多是早期版本建设而成的。

新建数据库可以直接建立空白数据库，也可以采用模板（图1）。不过，现成的模板很难适应实际的文字学应用。

图1　Access数据库创建界面

创建数据库窗口中选择路径，输入数据库文件名，即可创建一个空白的数据库，并进入数据库界面（图2）。

Access数据库界面可以分为功能区、导航窗格、对象显示区域三个主要部分（图3）。

图2 命名及保存路径选择界面

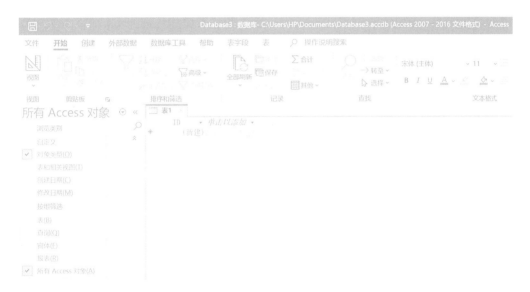

图3 Access数据库操作界面

（一）功能区

Access数据库提供的主要功能区有6个，此外还有一个上下文选项卡。

1. **文件**。提供数据库的新建、保存、打印，数据库对象的另存为以及数据库的一些默认选项设置。

2. **开始**。提供数据库使用过程中的常用功能，如复制粘贴、排序筛选、查找替换等。

3. **创建**。提供表、查询、窗体、报表、宏与代码等数据库对象的创建功能。

4. **外部数据**。提供外部数据的导入与导出。外部数据文件可以是Access数据库，也可以是其他类型的数据库，如SQL Server，或者办公文件，如Excel文件、文本文件、Word文件等。

5. **数据库工具**。提供对数据库的一些内部处理功能，如压缩和修复数据库、设置表关系、打开VBE窗口、拆分数据库等。压缩和修复数据库功能用于修复一些错误。此外，Access数据库在删除数据后不会自动减小数据库大小，使得数据库在大量数据操作后变得越来越大。因此，压缩和修复数据库更主要的功能是减少数据的冗余体积。

6. **帮助**。提供在线帮助。

7. **上下文选项卡**。这是一种特殊类型的选项卡，随着具体对象的不同视图状态进行区别显示。图4为表的设计视图状态显示的"表设计"选项卡，图5为表的数据表视图状态显示的"表字段"选项卡。

图4 设计视图状态下的"表设计"选项卡

图5 数据表视图状态下的"表字段"选项卡

（二）导航窗格

导航窗格显示数据库中所有对象的名称，下拉箭头可以控制导航选项。导航窗格可以通过"百叶窗开/关"按钮 «、» 收放。

数据库的主要对象包括：

1. 表

表是数据库中存储原始数据的仓库，是整个数据库的基础和核心。数据库中的所有其他对象都是对表的直接或间接访问。

表中存储的数据是结构化的数据，需要遵循一定的数据格式规范。表具有二维结构，形式上与纸质的表格以及Word表格、Excel电子表格相似，可以同时显示大量数据。表中的数据可以浏览查阅、增删修改，还可以进行动态筛选。

2. 查询

查询可以对表中的数据进行筛选，并保存筛选结果。根据自己的需要，数据筛选的条件可以很复杂。查询，还可以对一些字段进行汇总、合并等比较复杂的计算，是对数据进行统计分析的主要工具。

3. 窗体

窗体是一般应用程序的主体。数据窗体可以将表或查询中以行为单位的数据显示在一个平面上，通常一次显示一条记录，方便数据的浏览、输入和修改。窗体中还可以对某些字段的数据进行锁定，防止误操作。非数据窗体可以用来与用户进行交互，或者在各个窗体之间进行导航。

有关古文字的数据库往往有图片，如甲骨金文拓片、竹简照片、单个文字字形等。这些图片在表或查询中无法查看，只能在窗体中显示。

4. 报表

报表用于打印输出数据库中的数据。这种数据可以是不同表中的数据整合，也可以是原始数据的分析结果。所打印的数据可以根据需要进行格式设置。[①]

5. 模块

模块用于存储VBA代码。运用VBA可以对数据库进行非常灵活的深度开发，大大强化数据库的功能。

（三）对象显示区域

表、查询、窗体等对象打开后，无论是数据显示状态还是设计状态，都显示在导航窗格右侧的对象显示区域。编辑VBA代码的VBE则是一个独立的窗口。

---

① 由于报表的数据输出功能大多可以通过VBA代码操作Word实现，本书不对报表的使用进行详细讨论。

第一章
文字学数据存储载体
——数据表

　　数据库的核心是数据，数据需要存储在数据表中。数据表中基础数据的完备程度、准确程度，以及数据结构的合理程度、数据属性标注的丰富细致程度等是衡量一个数据库完善程度的重要标志。因此，在开始建设数据库之前，就要预先仔细分析研究需求，规划基本的数据库框架。本章将讨论文字学数据库中用来存储数据的数据表的设计及相关问题。

第一节
表设计基础

Access数据库中的数据表从外观上看就是普通的二维表格。表中的列称为"字段"，就是普通表格中的纵列；表中的行称为"记录"，就是普通表格中的横行。数据库表有"数据表视图"和"设计视图"两种不同功能的视图形式，前者主要用于数据处理，后者则只用于表的设计，不能处理表中的具体数据。

要利用表来存储数据，首先就要建立一张新表。建立新表，需要根据数据主题所涉及的数据信息来考虑表的结构，包括一个表中应该包含哪些字段，每个字段中应该存放什么内容，表中的记录以什么为单位，等等。

一 表的创建

Access数据库功能区的"创建"选项卡中提供了"表"和"表设计"两种创建新表的方法（图1-1）。

"表"创建的方法是直接打开数据表视图，通过单击"单击以添加"的下拉菜单，选择合适的数据类型，并修改系统默认的字段名添加新的字段（图1-2）。这种方式比较简洁直观，可以在添加字段后直接输入数据。

图1-1 "创建"选项卡　　　　　图1-2 "表"选项卡创建表

"表设计"创建的方法则进入设计视图，通过输入字段名称、选择合适的数据类型来添加新的字段。设计视图提供了数据表视图中无法提供的字段属性个性化设置等更加完备的数据表设计功能（图1-3）。

图1-3 "表设计"选项卡创建表

在设计视图状态下完成数据表设计并保存后，需要在"开始"选项卡的"视图"中切换到数据表视图，才能进行数据输入、查阅等操作（图1-4）。

表作为数据库的数据基础，在查询、窗体以及VBA代码中经常需要通过名称引用，因此设计完成后可以用简洁且清晰易懂的名称保存表。表的名称可以长达64个字符。过短的名称不易识别，过长的名称则容易出现拼写错误。表的名称可以使用字母、汉字、数字以及大多数符号的任意组合，但

图1-4 视图切换截图

不能使用感叹号（!）、点号（.）、方括号（〔 〕）等VBA编程语言中的保留符号。建议使用"tbl_"、"表_"等前缀字符作为表名称的开头，可以使对象的类型明确易懂。

从新建表的两种方式可以看到，新建Access数据表首先需要规划包含哪些字段、每个字段的字段名称以及字段所存储的数据类型。字段名称的字符限制大致与表的名称相同，设计完成后也尽量不要修改字段名称。如果需要，可以在设计视图的"说明（可选）"栏中对相应字段进行比较详细的说明，例如描述字段中存放的是什么数据。

二 字段的数据类型

创建表的过程中最重要的一个步骤就是选择合适的字段数据类型。Access数据库中可以使用13种数据类型。数据类型的相关默认值可以在"Access选项"页面中进行调整（图1-5）。

图1-5 查看修改数据类型默认值

1. 短文本

短文本是系统默认的数据类型，也是最常用的字段类型。这个字段可以存放汉字、符号、外文字母等，也可以存储诸如简牍的出土编号等不需要进行数学计算的数字。如果存放数字的话，排序时将从左到右对比较字符的大小进行排序，即1，10，100，2，20，200……如果需要按照数值大小排序，需要加前导0，使文本的长度相同，即001，002，010，020，100，200……

短文本类型的字段最多可以存储255个字符。不超过这个字数限制的文本内容都可以存储在这种类型的字段中。例如，青铜器的器名、青铜器的时代、出土实物文字材料的出土地点、简帛古书的篇章名称、碑刻的名称等。

2. 长文本

长文本数据类型用来存储超过255个字符的文本内容。例如，毛公鼎等一些青铜器的铭文都超过255个字，所以青铜器铭文的释文字段需要用长文本。碑刻、简帛的释文也都需要用长文本类型。长文本字段最多可以容纳1 GB的字符。

长文本字段有"文本格式"属性。此属性有"纯文本"和"格式文本"两个值。后者用HTML格式标记存储文本，并在数据表视图中根据所设置的字体、字号等格式显示文本。可以使用PlainText函数删除所有的HTML格式标记。

3. 数字

存储需要用于数学计算的数值数据。数字字段有多种类型，具体由字段属性中的"字段大小"决定。默认字段大小值为长整型，保存从−2 147 483 648 ～ 2 147 483 647 的数字。例如，将青铜器铭文的"字数"字段设置成数字类型，就可以进行总字数、平均字数等数据的统计。

4. 大型页码

这是Access 2019版本开始增加的数据类型，目的是为了与其他大型数据库如SQL Server等兼容。选择该数据类型时，数据库会提示与早期版本不兼容。其数值范围为$-2^{63} \sim 2^{63}-1$。

5. 日期／时间

用于存储日期和时间，可以进行日历运算。通过字段的"格式"属性，可以设置多种显示格式。

6. 货币

这是一种专门的数字字段。小数点右边显示的位数可以在$0 \sim 15$之间自行定义，默认值为自动。

7. 自动编号

当一条新记录添加到表时，Access会在自动编号字段自动填入一个唯一的顺序号（每次加1）或随机数。这是保证表中的每一条记录没有重复值的最便捷方法。自动编号字段存储的数据类型为长整型。通常一个表只能有一个自动编号字段。自动编号字段不能更新，删除记录后该记录的值也不会再出现。

8. 是／否

该字段的实际存储值为−1（是）、0（否），用于存储只有两种可能值的数据，如是否独体字、是否基础构件等。在数据表视图下该字段显示为可以打"√"的复选框。

9. OLE 对象

OLE对象用于存储二进制对象，例如，Excel电子表格、Word文档、图形文件或声音文件等。古文字原始出土文献材料的图版，如甲骨文拓片、青铜器铭文拓片、简帛照片、碑刻拓片等均可以使用OLE字段存储。

OLE对象有链接和嵌入两种存储形式。链接对象与源对象仍保持关联，任何一方的修改都会反映到另一方中。如果源对象删除或移动路径，就会产生OLE错误。因此，数据库拷贝时必须同时拷贝链接对象，并重新进行链接。嵌入对象则独立存储于数据库中，与源对象失去联系。

不论是链接还是嵌入，一个对象插入到表的OLE字段中时，Access数据库增加的大小并不仅仅是对象的大小，有时是对象大小的数倍乃至数十倍。因此，对象数量太多时运用这种方法并不合适，可以使用超链接或编写VBA代码来实时调用。

在数据表视图下，右键点击OLE字段，通过快捷菜单中选择"插入对象"，在弹出的对话框中选择需要插入的文件，选中"链接"复选框则采用链接方式插入（图1-6）。数据表视图中双击OLE对象字段，可以启动适合对象的应用程序，如插入图片文件，则自动匹配看图程序，打开该对象。

图1-6　OLE字段中插入对象

10. 超链接

用于存储超链接地址。超链接字段可以包含以下四个部分：在字段中显示的文本；鼠标悬停在该字段时显示的提示文本；超链接地址，可以是本地文件路径，也可以是网络上的页面路径；超链接文件的子地址。

在数据表视图下，鼠标右键单击超链接字段，在快捷菜单中选择"超链接"，可以进行添加超链接、删除超链接等操作（图1-7）。

图1-7　超链接字段操作界面

11. 附件

附件字段可以在一条记录中添加多个不同类型的文件（图1-8）。与OLE数据类型相同，附件字段存储文件之后，也会导致数据库大小成倍地增加。

图1-8　附件字段中插入多个文件

12. 计算

计算字段实际上只是个虚拟字段，存储的是对当前表中其他相关字段的数据进行计算的表达式。数据表视图中显示的就是这个表达式的计算结果，因此该字段内容不能进行手工修改。虽然Access将它列为一种数据类型，但是实际上并非独立的数据类型，其数据类型是由表达式决定的。

当数据类型选择了"计算"后，会弹出"表达式生成器"对话框，输入字段名、函数等表达式内容，点"确定"即可（图1-9）。图中的表达式将"篇名"和"章名"两个文本类型的字段连接起来，中间用分隔符号"·"隔开。

图1-9 计算字段表达式内容举例

表1-1为显示上述表达式计算结果的计算字段"篇章名"的数据表视图。[①]

表 1-1 计算字段表达式举例结果

篇　　名	章　　名	篇 章 名
春秋事語	吳伐越章	春秋事語·吳伐越章
春秋事語	魯莊公有疾章	春秋事語·魯莊公有疾章
春秋事語	魯桓公與文姜會齊侯於樂章	春秋事語·魯桓公與文姜會齊侯於樂章
戰國縱橫家書	蘇秦自趙獻書燕王章	戰國縱橫家書·蘇秦自趙獻書燕王章
戰國縱橫家書	蘇秦使韓山獻書燕王章	戰國縱橫家書·蘇秦使韓山獻書燕王章
戰國縱橫家書	蘇秦使盛慶獻書於燕王章	戰國縱橫家書·蘇秦使盛慶獻書於燕王章

字段的数据类型决定了这个字段中能存放什么样的数据，也决定了能对该字段进行的具体操作。选择合适的数据类型对于合理存储数据，提高数据库的性能十分重要。因此，在选择字段的数据类型时需要从以下几个方面慎重考虑：

1. 字段中需要存储的数据类型

比如数字字段不能存放字母、汉字等文本数据。多媒体数据，如图像、声音等则只能存放在OLE对象中。

---

① 本书引用文字学出土文献均保持数据库原貌，不使用简化字。根据需要保留个别旧字形和异体字。下同。

2. 字段中所存储的数据长度

比如短文本字段的文本不能超过255个字符，超过这个限制的文本只能存放在长文本字段中。

3. 字段是否需要进行排序或索引

长文本、超链接和OLE对象等字段均不能进行排序和索引。

4. 确定字段中的值要进行的运算

如数字或货币字段能够进行数学运算，文本字段则不能。

三 查阅向导

字段数据类型中有一个特殊的类型"查阅向导"。如果一个字段的值来自另一个表或查询，或者是某几个固定的值时，使用查阅向导可以简化输入，也可以确保数据输入的准确性。

在表设计视图的数据类型栏单击此选项将启动"查阅向导"，它用于创建一个查阅字段。启动向导之后有两个选择，用来决定该字段的数据来源：（1）使用查阅字段获取其他表或查询中的值；（2）自行键入所需的值（图1-10）。

图1-10　查阅向导启动界面

如果选择项较少，且极少可能增减，如秦汉简帛的分期断代，则可以选择（2），将出现图1-11所示对话框，依次输入所需的值即可。

图1-11 查阅字段自行键入界面

　　输入完毕进入下一步后，可以决定是否限于列表和允许多值（图1-12）。选择限于列表时，只允许从列表中选择，不能输入列表以外的值。选择允许多值时，限于列表选项变灰不可选，输入时选择项前会出现多选框，选择完成点击确定后，多个值之间会在下方字段属性中用逗号隔开。

图1-12 限于列表和允许多值可选界面

　　例如，秦汉简帛的分期断代输入完成后，字段属性查阅选项的"行来源"会列出所有选择项（图1-13）。

<table>
<tr><td colspan="2">字段属性</td></tr>
<tr><td colspan="2">常规　查阅</td></tr>
<tr><td>显示控件</td><td>组合框</td></tr>
<tr><td>行来源类型</td><td>值列表</td></tr>
<tr><td>行来源</td><td>"秦";"西汉早期";"西汉中晚期";"東漢"</td></tr>
</table>

图1-13　行来源中查看键入选择值

　　如果选择项比较多，而且每个项的数据也比较复杂，或者选择项可能随时增加，则可以将这些选择项单独做一个表，将此表作为查阅来源。选择（1），将出现图1-14和图1-15所示对话框，要求分别选择查阅来源的表和字段。

图1-14　选择获取数值的表或查询

图1-15　选择获取数值的字段

向导完成之后，Access 将基于向导选取的值来设置数据类型。在数据表视图中输入数据时，点击该字段右侧的下拉箭头打开列表，并选择所需的值即可（图1-16）。

《西安北郊秦墓》
《西安北郊郑王村西汉墓》
《西安东汉墓》
《西安龙首原汉墓》
《西安南郊秦墓》
《西安尤家莊秦墓》
《西漢南越王墓》
《新编秦汉瓦當圖錄》
《尋蹤覓古——洛陽市文物考古研究院近
《殷周金文集成》
《郿縣上寅蓋》
《戰國秦漢漆器研究》

图1-16　获取表中数值后的输入选择界面

四　字段属性

除了选择字段的数据类型外，还可以对字段的属性进行设置。不同数据类型拥有不同的字段属性。表设计视图的下方显示了可以进行设置的字段属性（图1-3）。

1. **字段大小**。字段尽可能小，可以节约数据库空间，提高数据库性能。当输入数据超过预先设置的字段大小值时，超过部分不能被输入。这时可以增加字段大小的值。但是，如果要将一个已包含数据的字段的大小设置改小，可能会因此而丢失数据。例如，把某一短文本类型字段的字段大小设置从 255 改成 50，则超过 50 个字符以外的数据都会丢失。因此，不建议进行这种操作。

2. **格式**。指定预定义的数据显示方式。如日期字段，可以选择常规日期、长日期、短日期等多种显示方式。

3. **标题**。字段名称是在数据库内部引用这个字段时的名称，一般比较简洁，在查询、窗体以及VBA编程时通过字段名称引用这个字段。标题名称可以更加复杂和明确，但不能作为引用该字段的依据。标题在数据表视图中作为列标题显示，在窗体或报表中则作为字段的标签使用。如果没有标题，字段名称将作为列标题和标签。

4. **默认值**。添加新记录时，自动填入这个字段中的值。例如，将日期/时间字段的默认值值属性设置为Date()，数据库会在添加新记录时自动填入当前日期；设置为Now()，则可以自动填入当前日期以及精确到秒的当前时间。这样，数据库就可以自动标记每条记录的录入时间。

5. **输入掩码**。只对文本和日期字段有效。可以控制输入值。如居延新简的编号格式为EPT01.001。"EPT01"为探方编号，"."后的数字为出土编号。将简号字段的输入掩码设置为"EPT01."###之后，在数据表视图中输入简号时，会自动显示 EPT01. ，在下划线处输入三个数字即可。

6. **验证规则**。用于限制输入字段的值。如果输入值不在规则范围之内，如在时代字段输入简体的"战国"，则违反了设置的验证规则，系统将拒绝接受此值，并出现图1-17所示对话框：

图1-17 不合验证规则的错误提示

7. **验证文本**。以上对话框对用户来说并不容易看懂。通过设置验证文本可以提供更为明确的提示。如设置验证文本为"时代必须是殷商、西周、春秋、戰國"，输入其他时代，如"秦汉"时，即会弹出警告对话框（图1-18）。

图1-18 不合验证文本的错误提示

8. **必需**。默认值为"否"。有些字段不允许有空值，如青铜器的"器名"字段，可以设置为"是"。一对多关系的表中，不仅"一"端的主关键字段不能有空值，"多"这一端表的关联字段的必需属性也应该设置成"是"，否则如果漏填数据，就会造成该条记录无法与"一"端关联的情况，进而在后续的多表关联查询中遗漏数据。

9. **新值**。只有自动编号字段拥有该属性，有"递增"和"随机"两个选项。

10. **索引**。当使用查询在字段中搜索文本时，索引可以提高操作处理的速度，特别是数据量大时，速度提升会更为明显。因此，应该为用于搜索、排序和查询规

则的字段提供索引。自动编号字段的索引属性默认为"有（无重复）"。根据Access
选项的设置，以ID、Key等作为字段名称或以这些字母开头或结尾的字段会自动添
加索引。有重复值的字段索引可以设置为"有（有重复）"。点击表设计选项卡中的
"索引"按钮 可以打开索引窗口，修改索引属性（图1-19）。

图1-19　索引属性设置对话框

五　主键字段

　　主键是用来唯一标识表中每一条记录的字段或字段组合。主键字段中的数据
不能有重复值，也不能有空值。作为主键的字段值要短小、稳定。例如，商周金文
表中的"器号"字段就是一个主键字段，用来唯一标记表中的每一条青铜器铭文记
录。比较常见的做法是用自动编号字段作为主键，因为系统自动生成的自动编号字
段是没有重复值的。由于自动编号字段跟记录本身的数据之间没有内在的逻辑联
系，在使用过程中有时并不方便，因此需要采用更加合理的字段作为主键。例如，
出土简牍的整理著录一般都有整理编号，以这个编号作为主键，既便于与著录对
照，也便于与图版照片之间进行对应。不过，著录号有时会出现重复，如《沅陵虎
溪山一号汉墓》著录的虎溪山汉简各篇的简都从1开始编号，如果只用简号作为主
键，则存在重复，所以可改为用各篇的编号加上简号作为主键。

　　主键必定具有索引。在建立表与表之间的一对多关系时，"一"端的表必须建
立主键。通过主键的关联，可以保证多个表之间的数据完整有效。表与表之间的关
系详见第二节。

　　要建立主键，可以在表的设计视图选中需要作为主键的字段，单击表设计选项

卡中的"主键"按钮 。这时，该字段左侧灰色选择区域会出现一个钥匙图标。要取消主键，则只要再点一下"主键"按钮即可。

六 数据表的基本设计原则

表是数据库及基于数据库的应用程序的基础及核心。表结构的好坏直接影响数据库的使用和功能的发挥。因此，表的设计需要遵循一些基本原则。

1. **一个表中只存放能够一一对应的一个主题的数据，同样的数据不需要在多个表中重复存储。**

先来看两种不妥当的表结构。表1-2所示的所有的著录都放在同一个字段中，这样，针对著录进行的排序、筛选与统计就很难进行。而表1-3所示的表中一个著录是一条记录，但是器名、时代、字数、现藏等字段中的大量数据出现重复，输入时需要大量重复输入，出错率会大大提高，而且也增加了系统的负担。

表1-2　铭文著录表结构　示例1

器号	器名	字数	时代	现藏	著　录
22	遅父鐘	36	西周晚期		考古圖，7.5；博古圖録，22.19；歷代鐘鼎彝器款識法帖，55—56；嘯堂集古録，83；金文總集，09.7037；殷周金文集成，01.103
32	楚王酓章鎛	31	戰國早期	湖北省博物館	文物，1979年07期；商周青銅器銘文選，2.655；金文總集，09.7201；殷周金文集成，01.085

表1-3　铭文著录表结构　示例2

器号	器名	字数	时代	现　藏	著　录	著录位置
22	遅父鐘	36	西周晚期		考古圖	7.5
22	遅父鐘	36	西周晚期		博古圖録	22.19
22	遅父鐘	36	西周晚期		歷代鐘鼎彝器款識法帖	55—56

续　表

器号	器名	字数	时代	现藏	著　录	著录位置
22	遅父鐘	36	西周晚期		嘯堂集古録	83
22	遅父鐘	36	西周晚期		殷周金文集成	01.103
22	遅父鐘	36	西周晚期		金文總集	09.7037
32	楚王酓章鎛	31	戰國早期	湖北省博物館	文物	1979年07期
32	楚王酓章鎛	31	戰國早期	湖北省博物館	殷周金文集成	01.085
32	楚王酓章鎛	31	戰國早期	湖北省博物館	商周青銅器銘文選	2.655
32	楚王酓章鎛	31	戰國早期	湖北省博物館	金文總集	09.7201

　　由于青铜器铭文的著录与青铜器的器名、时代、字数等数据是两个主题的数据，两者之间并非一一对应，因此正确的做法应该是设计两张表。商周金文表以青铜器铭文为记录单位，其中只存放器名、字数、时代、出土地点、现藏等与青铜器一一对应的数据（表1-4）。青铜器铭文的著录则以每一条著录为记录单位放到另一张著录表中（表1-5）。两表之间用"器号"字段关联起来。这样，每条信息只在一个表中出现一次，便于更新修改，效率更高，既能减少数据输入中出错的可能，同时也能从著录角度进行进一步的数据处理。

　　确定一个字段该不该放在同一张表中，可从以下几个方面考虑：（1）与其他字段的内容是否一一对应；（2）在多记录中是否存在大量空值；（3）这个字段中的数据是否大量重复。规范的表中，同一记录的各个字段内容应能一一对应，而同一字段的各个记录的内容不含大量重复数据。

表1-4　商周金文表字段示例

器　号	器　名	字　数	时　代	现　藏
22	遅父鐘	36	西周晚期	
32	楚王酓章鎛	31	戰國早期	湖北省博物館

表1-5　青铜器铭文著录表

器号	著　录	著录位置
22	考古圖	7.5
22	博古圖録	22.19
22	歷代鐘鼎彝器款識法帖	55—56
22	嘯堂集古録	83
22	金文總集	09.7037
22	殷周金文集成	01.103
32	文物	1979年07期
32	商周青銅器銘文選	2.655
32	金文總集	09.7201
32	殷周金文集成	01.085

2. 字段尽量区分细致。

每个字段都可以看作是记录单位的属性，又是记录的检索途径以及数据分析途径。随着数据分析和研究的不断深入，数据表中的字段可以不断增加，从而使数据属性越来越丰富细致。

同一属性数据的各个部分也应尽量分开，建立更多的字段，更全面详细地反映记录的内容，以便根据更多的字段进行更精准的排序、筛选。例如，上举青铜器铭文著录表中的著录书名和著录位置即应分开成两个字段。再如，文献目录表中的作者署名，"著""主编""编纂"等宜与姓名分开。出土文字材料的出土地点如果按行政层级区分不同字段，可以很方便地进行不同地域的统计分析。在实际的数据库使用时，不同字段存储的数据通过查询可以很方便地合并起来，但是要将一个字段中的数据拆分开来则相对比较困难。

3. 确保表中的每一条记录都有一个唯一的标识字段，使表与表之间建立和维护数据关系更加方便。

4. 使用关系表的不同记录代替多个字段。

表示不同的字段，有些内容用关系表的不同记录表示更加方便。

例如,《说文解字》的部分字头下收录有重文,重文的类型、数量都不一样,有些重文还有详略不同的解说。如果按照原书体例,一个字头记录用一个重文字段存放重文,那么多个重文在一个字段里,不方便统计分析。如果用不同的字段存放单个重文,那么在字段数量、字段内容等方面均存在缺陷。因此,比较合适的解决方法是重文单独设计一张表,如表1-6所示。这样,就可以很方便地进行重文数量、重文类型等角度的统计分析。

表1-6　重文数据表

序号	说文ID	字形	重文类型	重文隶定	说　　解
1	1	一		一	
2	1	弌	古文	弌	古文一。
3	2	元		元	
4	3	天		天	
5	4	丄		丄	
6	5	吏		吏	
7	6	丄		丄	
8	6	丄	篆文	上	篆文丄。
9	7	帝		帝	
10	7	帝	古文	帝	古文帝。古文諸丄字皆从一,篆文皆从二。二,古文上字。帝示辰龍童音章皆从古文丄。
11	8	旁		旁	
12	8	旁	古文	旁	古文旁。
13	8	旁	古文	旁	亦古文旁。
14	8	旁	籀文	雱	籀文。

第二节

表之间关系的设置

　　根据前文所述数据库表的设计原则，为了减少系统的重复数据，优化数据结构，尽量减少出错可能，应该将不同主题的数据建成独立的表。这些独立的表之间并非毫无关系，而是有着内在的关联。为了更好地维护数据的完整性，简化与数据库内其他对象的操作过程，必须要在数据库中定义表之间的关系，以便在查询、窗体或报表中将多个表中的数据联系在一起进行查阅与检索。作为关系型数据库，Access数据库可以很方便地在不同的表之间建立关系，从而将这些不同表中的数据关联成一个有机的整体。

　　要在两张表之间建立关系有一个前提条件，那就是在两张表中都有一个用来关联的相同字段。这个字段必须具有相同的数据类型和字段大小，字段名往往也会相同。这个字段可以称为"关系字段"。例如，商周金文表和金文著录表中，都有一个名为"器号"的关系字段。

　　在表与表之间建立关系主要有两个作用：（1）为利用查询、窗体或报表将这些不同表中的数据串联起来提供条件。（2）通过参照完整性等设置，保证各个表中数据的完整性。

　　关系，是一个规范的数据库所必需的。可以说，在Access数据库的设计使用时，规范能够体现数据库的合理高效，关系则可以保证所提供数据的完整。

一　关系的类型

　　数据库中的表之间存在着三种类型的关系：一对多关系、一对一关系、多对多关系。

1.一对多关系

这是最为常见的关系类型。这种关系表明一个表中的一条记录可以对应另外一个表中的多条记录。

例如，一个青铜器铭文往往会被多种金文著录文献收录。如图1-20显示的霝鼎金文拓片，被《三代吉金文存》《殷周金文集成》等多种著录文献收录（表1-7）。因此，"商周金文表""金文著录表"这两个表之间就具有一对多的关系。"一"端的表称为"主表"，"多"端的表称为"关系表"。

图1-20　霝鼎拓片（《集成》1229）

表1-7　著录文献示例

著 录 书 名	著 录 位 置
雙劍誃古器物圖錄	上 5
續殷文存	上 4.4
殷周時代青銅器の研究·殷周青銅器綜覽一	圖版鼎 158
小校經閣金文拓本	2.4.4
貞松堂集古遺文	02.05.1
殷周金文集成	03.1229
三代吉金文存	02.06.4
善齋吉金錄	2.3
金文總集	01.0071

一对多关系要求"一"端的关系字段的值必须是唯一的，即必须是主键字段。如"商周金文表"的"器号"字段。否则，关系表中的记录无法对应到主表中的具体记录，即某条著录所指的青铜器铭文是哪一条就无法确定。"多"端的关系字段则是"外键"字段，如"金文著录表"中的"器号"字段。

2. 一对一关系

具有一对一关系的两张表中的所有记录都一一对应，也就说一张表中的一条记录在另一张表中只能具有一条相匹配的记录。这种关系在数据库中很少见。因为如果具备这种关系，就可以把它们合为一张表。只有当字段数量过多，或者某些字段具有保密性要求，或者某些字段的数据大部分是空值的时候才采用。

3. 多对多关系

多对多关系是两个表中的记录在另一个表中可能具有多个匹配的记录。这种关系也很常见。多对多关系在 Access 中不能直接定义，只能先添加一个中间联接表，让这个中间联接表作为中介跟两个多对多关系的表分别产生一对多关系。

例如，"商周金文表"和"金文著录书目"之间就是多对多的关系。一个青铜器铭文可以在多种著录著作中出现。同样，一部著录著作也可以著录多种青铜器铭文。因此要建立它们之间的关系就必须建立一个中间表"金文著录表"，在这个表中，每一条青铜器铭文在每一种著录书中的著录都是一条记录，因此它与"商周金文表"构成多对一的关系。反过来看，每一种著录书中所著录的每一条青铜器铭文也都是一条记录，因此它也与"金文著录书目"构成多对一的关系。这样青铜器铭文和著录书目之间的全部关系才能完整地反映出来。

二 关系的建立和修改

Access 数据库中表的关系可以在关系窗口中建立和修改。点击"数据库工具"功能区中的"关系" 按钮，可以显示关系窗口（图 1-21）。在关系窗口的空白处点击鼠标右键，在弹出的快捷菜单中选择"显示表"，在关系窗口右侧将显示当前数据库中的所有表名称。选中需要建立关系的表后，单击下方"添加所选表"按钮，表就会显示在关系窗口中。

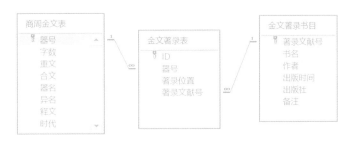

图 1-21　建立表关系

关系窗口中的各个表所显示的是字段名列表。其中，主键字段前有代表主键的钥匙图标。

要在两个表之间建立关系，可以选中一个表中用来建立关系的字段，拖到另一个表的关系字段中，这两个字段之间就会出现一条连线，这条连线就表示了两个表之间的关系。建立关系后，在数据表视图中，主键所在的表的记录左侧灰色选择区域会出现"+"号，点击"+"号，可以显示关系表的对应记录。

如果要编辑或删除关系，可以先用鼠标左键选中关系线，再点击右键，在弹出窗口中选择"编辑关系"或"删除"。

三 参照完整性

参照完整性是一个规则系统，它能够确保Access相关表记录之间关系的有效性，防止意外删除或更改相关数据。

实际数据库操作中很容易发生一种情况。例如，在"商周金文表"和"金文著录表"之间建立了一对多的关系。那么，理论上说"金文著录表"表中的每一条著录都应该对应"商周金文表"表中的一条青铜器铭文记录。但是当因为误操作或其他原因错误地删除了"商周金文表"中的一条青铜器铭文记录时，就会造成"金文著录表"表中的某些著录无法与"商周金文表"表中的青铜器铭文记录相对应。为了防止这种情况的发生，必须建立参照完整性。

选择"编辑关系"可以打开编辑关系窗口（图1-22）。在"实施参照完整性"项前面的复选框中，打钩完成参照完整性设置并点击"确定"按钮之后，在关系连线的"一"端就会标记"1"，在"多"端就会标记"∞"。

图1-22　编辑关系窗口

要在相关联的两个表之间实施参照完整性，必须满足以下所有条件：

1. **主表的关系字段必须是主键字段或具有唯一的索引。**"商周金文表"中的关系字段"器号"就是一个主键字段。

2. **两个关系字段都有相同的数据类型。**关系字段如果是数字字段，长度类型必须相同，如都是"长整型"。自动编号字段可以与"字段大小"属性设置为"长整型"的数字字段建立关系。

3. **两个表都属于同一个 Access 数据库。**

4. **两个表中的现有数据不能与任何参照完整性规则发生冲突。**如"金文著录表"表中的所有著录书名都必须存在于"金文著录书目"表中。否则将出现图 1-23 所示对话框，提示无法建立参照完整性。这时需要通过不匹配项查询找出"金文著录表"中那些不存在于"金文著录书目"表中的记录，删除这些记录或者在"金文著录书目"表中补充相应的书名记录，才能建立参照完整性。如果在表设计之初、向表中输入数据之前就设置参照完整性，就可以避免这种冲突的发生。

图 1-23　无法建立参照完整性的提示框

当设置了参照完整性后，在数据处理过程中必须遵守下列规则：

规则一：不能在关系表的外键字段中输入主表的主键字段中不存在的值。例如，"金文著录表"表中的"器号"字段中不能输入"商周金文表"的"器号"字段中不存在的值。如果试图在关系表中添加主表不存在的记录时，将出现图 1-24 所示警告。

规则二：如果主表中的某个记录在关系表中有相关的记录，那么主表中的主键字段的值不允许修改。例如，如果在"金文著录表"中，与某条青铜器铭文著录对应时，那么就不能在"商周金文表"中更改这个青铜器的"器号"字段。当试图修改主表主键字段时，系统将给出图 1-25 所示警告。

图1-24　添加主表不存在记录后的错误提示

图1-25　修改主表主键字段的错误提示

规则三：如果在相关表中存在匹配的记录，则不能从主表中删除这个记录。例如，在"金文著录表"中有著录指定给某一条青铜器铭文时，不能在"商周金文表"中删除这条青铜器铭文的记录，否则系统就会弹出如图1-25所示的出错提示。

当设置参照完整性后，"级联更新相关字段"和"级联删除相关记录"两个复选框变成了选定状态（图1-22）。

如果选中"级联更新相关字段"复选框，规则二中的主表主键字段值可以更改，当进一步更改时，将自动更新关系表中所有相关记录中的外键匹配值，从而使参照完整性规则依然有效。

如果选中"级联删除相关记录"复选框，则规则三中的主表记录可以被删除。当进一步删除主表中的记录时，系统会弹出如图1-26所示的出错提示。点击"是"，系统将同时删除相关表中的匹配记录，以确保两个表的记录保持匹配。

图1-26　删除主表记录的错误提示

第三节
文字学数据特点与数据表设计

一　原始数据与加工数据

1. 原始数据

文字学以文字形体为基本的研究材料。以出土古文字为例，原始数据是指甲骨、铜器、简帛等类型丰富的书写载体上铸造、刻划或书写的字形，通常以拓片或照片的形式出现在各种著录文献中。无论是字形，还是行款布局或在实物材料中的位置，原始数据都更多呈现出客观性、唯一性的特点。当然也存在一定的多样性，例如不同的拓本可能存在原始数据的差异。

2. 学术加工数据

研究者对原始文字材料的释读及不同层面的分析属于学术加工数据。例如，原始字形的隶定、释字、通读、断句等。虽然学术研究以追求真实性为目标，但是研究过程中产生的学术加工数据常具有一定的主观性、不确定性。例如，商周青铜器的断代存在不少分歧。古文字研究中，对于同一个字形的释读也常常诸说歧异，"诂林""集释"一类的研究论著即是这种特点的集中反映。

3. 数据库加工数据

将某个文字学专题研究所需的原始数据、学术加工数据两个层面的数据集合存储在一个数据库中，即是数据库加工数据。数据库加工是一个对数据进行分类，并进行结构化、格式化处理的过程，这一过程需要兼顾学术界的学术习惯。

数据库加工数据具有开放性，既能不断增加数据量，又能并存断代、释字、解义、断句等学术分歧，还具备不断调整、纠正学术加工数据的空间。数据库加工数据还具有相当的复杂性，既要满足文字属性标记的要求，如字形结构标记、语境标记、词义标记等，又要满足文本输出格式多样化的要求，如释文输出、文字编输出、引得输出等，以满足不同层次使用者的需求。图1-27所示，安徽大学藏战国楚简《诗经》简3中句子不同层次的释文。

原图							
原形字							
隶定字	要	翟	㕚	女	鐘	·敔	樂	之
改读字	窈	窕	淑	女	鐘	鼓	樂	之
综合释文	要(窈)	翟(窕)	㕚(淑)	女	鐘	敔(鼓)	樂	之

图1-27　不同层次的释文示例

本节讨论文字学数据库中数据存储表设计和数据库数据加工的一些基本原则及方法。

二　数据分类建表与数据关联

文字学以字为核心研究对象，故数据库表需要以字为核心单位，并围绕字设置相关属性字段。在实际应用中，文字必然要依附包括出土文献在内的相关文献语境，因而相关文献构成了字的上位层面。同时，在汉字结构研究中，字又由构件组成，构件即是字的下位层面。基于文字学数据各层面的复杂性，数据库中的数据呈现出多维度、多层次的错综复杂关系。设计数据库表时，需要充分考虑文字学数据的这些特点。

（一）文字学数据的分类建库

文字学数据库的建设，首先要根据研究主题确定材料的范围。范围可宽可窄，材料可多可少，数据库的规模也有大有小。由于数据库具有良好的可扩展性，表、记录、字段均可根据需要增加，因此可以先从较小的范围开始建设。

文字学材料可以从多种角度进行分类。从书写材质的角度，可以有甲骨、铜器、铜镜、简牍、帛书、玺印、货币、漆器、陶器、封泥、砖石、瓦当、纸张等的区别。不同类型的书写材料对文字的书写形态影响很大。而文字的形音义随着时代不断变化，因此，书写材料的时代差异更加值得关注。不同种类文献的时代跨度有时很大。例如，铜器铭文从商代一直到汉代。有些材料的时代比较明确，有些则比较模糊。如石刻的时代常常能够精确到具体的年份，而西周青铜器的具体断代有时分歧很大。西北屯戍汉简的时代从西汉中晚期一直延续到东汉，甚至魏晋时期，其中除了有明确纪年的简，具体时间也常常很难确定。

由于研究目标的不同，学者对于文字学材料的范围或先分材质后分时代，或先分时代后分材质，也常加以综合限定，如西周金文、秦封泥、汉印等。出土地或材料著录也常常是研究范围确定的标准，如睡虎地秦简、北京大学藏汉简等。在以上这些分析限定的基础上，即可建立数据库。结合数据的属性标注，只要数据库结构合理，所有数据均可以根据研究需要进行调整重组。这也正是关系型数据库的优势所在。

（二）文字学数据分表

在保证研究目标需求的前提下，文字学数据库的建设要保证数据的关系清晰、输入高效、使用便捷。因此，需要根据不同类型的数据建立不同的表。以秦汉简帛文献为例，说明数据库表的设计及建立。由于秦汉简帛数量庞大，种类繁多，需要首先根据文献种类分别建立数据库。在秦汉简帛文献中，有明确考古出土地点者，根据出土地分类，如里耶秦简、马王堆汉墓简帛、张家山247号墓竹简、张家山336号墓竹简、肩水金关汉简等。没有明确出土地点者，则根据收藏或整理著录分类，如岳麓秦简、北大秦简、北大汉简、香港中文大学藏简牍等。零散的小宗简帛，则可以考虑合并成库。

各个数据库中，第一层次的表为表_篇章名。这是整理者根据内容、时代、版本、出土地点等所分的篇章，是相对比较完整的内容单位。这些内容单位在原始简帛中大多有清晰的区分，有些还有篇题。内容分篇章者如马王堆帛书的《五十二病方》、银雀山汉简的《孙子兵法》《尉缭子》、北大汉简的《苍颉篇》《反淫》等。版本分篇者如《老子》甲乙本、武威汉简《仪礼》的甲乙本《服传》等。出土地分篇者如凤凰山汉简的墓葬、肩水金关汉简的探方等。时代分篇者如《香港中文大学文物馆藏简牍》分《甲、战国楚简》《乙、汉代简牍》《丙、晋代"松人"解除木牍》三篇，第二篇下又根据内容分《日书》《遣策》《河隄简》《奴婢廪食粟出入簿》《序宁简》五个小类，时代从西汉早期一直到东汉。篇章有时会需要调整，如放马滩秦简乙种《日书》，原整理者未分章，《秦简牍合集》则分了章。

表1-8显示的是张家山336号墓汉简的部分篇章。

表1-8 "篇章名表"示例

章　号	篇　名	章　名
01_01	功令	
02_01	徹穀食氣	綦氏
02_02	徹穀食氣	載氏
02_03	徹穀食氣	擇氣
03_01	盜跖	
04_01	祠馬禖	
05_01	漢律十六章	賊律
05_02	漢律十六章	盜律
05_03	漢律十六章	告律
05_04	漢律十六章	具律

第二层次的表为表_简牍。一般以独立的实物单位，即单枚简牍为记录单位。这是文献的载体，可以标注书写载体的相关信息。表1-9显示的是张家山336号墓汉简《功令》篇的部分记录和字段。

表1-9 "简牍表"示例

章号	简　号	释　文
01_01	001B	■功令
01_01	01_01_001	■功令
01_01	01_01_002	一 丞相行御史事言，議以功勞置吏。
01_01	01_01_003	•諸上功勞皆上爲漢以來功勞，放（仿）式以二尺牒各爲將（狀）以尺三行皆參（三）折好書，以功多者爲右次編，上屬所二千石官，二千石官謹以 庚
01_01	01_01_004	式案致，上御史、丞相，常會十月朔日。有物故不當遷者，輒言除功牒。已
01_01	01_01_005.1	•左方上功勞式
01_01	01_01_006.1	某官某吏某爵某功勞

第三层次的表为表_字。一般以单个字形为记录单位。这是文字学数据库的核心表。表1-10显示的是《功令》篇的部分字形记录和字段。

表1-10 "字表"示例

简　号	字　号	句子序号	简内字序	字　头
01_01_001	01_01_001_001	1	1	
01_01_001	01_01_001_002	2	2	功
01_01_001	01_01_001_003	2	3	令
01_01_002	01_01_002_001	1	1	一
01_01_002	01_01_002_002	1	2	
01_01_002	01_01_002_003	2	3	丞
01_01_002	01_01_002_004	2	4	相
01_01_002	01_01_002_005	2	5	行
01_01_002	01_01_002_006	2	6	御
01_01_002	01_01_002_007	2	7	史
01_01_002	01_01_002_008	2	8	事
01_01_002	01_01_002_009	2	9	言

（三）文字学数据的关联

数据库中的相关数据可以通过多种方式进行关联。

1. 设置表关系

上述三个层次之间的数据可以通过一对多的数据表关系进行关联。一个篇章有多条简牍单位，通过"章号"字段关联；一条简牍有多个字形，通过"简号"字段关联，即可将"篇章名表""简牍表"和"字表"关联起来。

2. 其他关联方式

在数据库中，通过属性或内容也可以多角度关联相关数据。

（1）载体属性关联。出土地属性可以关联同一地出土的器物。例如，同一墓葬或窖藏出土的青铜器、肩水金关不同探方出土的简牍等。

（2）分类属性关联。例如，秦汉文书简的种类繁多，根据简牍的分类属性，可以关联相同类型的简牍，如谷出入簿、名籍简、关出入符等。

（3）内容关联。例如，不同青铜器的器主、族徽等；西北屯戍汉简中散见的书籍简如《苍颉篇》《急就篇》等。

此外，学术加工数据中的考释研究资料与考释对象也可以建立多重关联方式。例如，关联到某个实物单位，如某篇青铜器铭文；关联到某个字头，如某种文字编的某个字头；关联到某个字形，如某支简牍中的某个具体字形等。

3. 数据库外独立存储数据的关联

由于OLE字段、附件字段的局限，大量的拓片、照片等原始字形数据不宜存储在数据库中，而应该作为独立的多媒体文件进行外部存储。这些文件可以通过文件名与数据库表中的某个字段进行关联。如图1-28所示的秦印关联。左侧为文件资源管理器中大图标方式显示的印文拓本，右侧为数据库中印的对应编号及释文列表。

图1-28　秦印关联示例

三　灵活处理记录单位

在明确了数据类型并计划好了相应的表之后，接着就需要考虑各个表的记录单位设计。各种数据分记录处理与不分记录处理（即作为属性标记）有着各自的优劣，需要根据实际情况灵活处理。

字形表的记录单位相对比较固定，一个字形对应一条记录。但是，也有不太容易处理的情形。例如，古文字中常见的合文常用合文符号"＝"标记，如秦印中的"大夫"合文，从形式上看是一个字，但实际上记录的是两个字。一般文字编均将合文独立，附在正文之后。数据库中作为一个记录单位比较符合这种传统做法，但是这样一来，就无法分别作为两个所记录的字进行统计分析。

相对地，字形所在的实物，如甲骨片、青铜器、简牍等，其记录单位的考虑因素就要复杂得多。主要原因在于自然的实物单位与所记录文本的书写、阅读单位及阅读顺序之间常存在很大差异。自然的实物单位是比较固定明确的，如一片甲骨、一件青铜器、一枚简牍、一幅帛书等，而实物单位上面的文字则非常复杂。以下通过几个实例来说明这些数据单位的复杂性。

（一）各实物单位的字数很不一致。

青铜器上常见一字铭文，甲骨、简牍残片也有很多只有一两个字。这样的实物单位直接作为记录单位自然毫无问题。而一幅帛书上的字很多，为了阅读方便，整理者为每一行标记了序号，以"行"为记录单位，与整理者的做法和学术界的引用习惯一致，也比较方便处理和检索。

（二）多个实物单位的内容时常是连续的，可以组合成一个完整的内容单位。

例如，居延汉简的《永元器物簿》（128.1—77），共计945字，由77枚简编联而成，编绳完好，既可以看作1个完整的册书实物单位，也可以看作是77个简单位。残断简缀合之前是不同的实物单位，缀合之后则可以看作是1个实物单位。根据学术界的缀合研究成果，记录单位时常会有调整的需要。

（三）多个实物单位编联时的问题。

简牍出土时常常已经散乱，简与简之间的先后顺序时常难以确认。例如，根据张家山336号墓汉简的《汉律十六章》，张家山247号墓《二年律令》中部分简原先的编联就存在问题。同时，抄写者本身抄写时造成错简也是常见的情况。例如，马王堆帛书《战国纵横家书·苏秦自赵献书于齐王章》94—95行的49字即系错简。

（四）同一实物单位中的文字书写情况十分复杂。

实物的文字书写情况，有时跟后世书籍的复杂版式类似。[1]因此，需要考虑复杂形式在数据库中的表示方式。相对而言，以比较小的文本块单位如面、栏等为记录单位，比较容易进行更深入的分析处理，如对其所属的篇章、简序等属性进行分别标注和动态调整。例如，马王堆帛书《战国纵横家书》的27章，章与章之间不提行，只用符号●隔开。分属不同章的一行分两条记录，则比较容易对"章"单位进行分析处理。[2]

---

[1] 古籍版式参王荟、肖禹：《汉语文古籍全文文本化研究》，中西书局，2012年，第48—56页。
[2] 例如，《战国纵横家书》各章由三个部分汇集而成，各部分的用字习惯有明显的不同。

1. 分面书写

简牍的书写常分正反面，内容有的连续，有的不连续，需要区别对待。例如，睡虎地秦简《日书》部分简正反面抄写了不同的篇章内容，采用不同的记录更易处理。而玉门花海出土的七面柱形觚（《敦煌汉简》1448），1—4面抄录皇帝遗诏，5—7面则抄录私人书记，两个部分不同的面内容相连接，可以在文字单位中标记文字所在分面的属性（图1-29）。

图1-29　玉门花海七面觚

2. 分部位书写

青铜钟上的铭文，常书写于钲部、左鼓、右鼓等，属于同一内容，可以连贯读，只要注意读序即可（图1-30）。

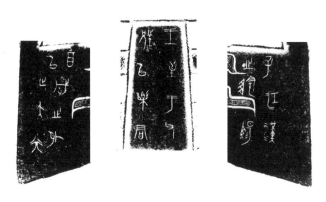

图1-30　敬事天王钟（《集成》74）

在甲骨片上，往往有多条卜辞，内容有的有关联，如左右对贞，有的则不一定有关联。学术界现有的释文处理方法一般是对各条卜辞进行编号，以单条卜辞为记录单位更适合内容分类等方面的需求。通过甲骨片编号属性，仍然可以关联同一甲骨片的多条卜辞。

铜镜铭文常有内外圈的区别，如图1-31愿君强饭铭圈带镜所示。

图1-31　愿君强饭铭圈带镜[①]

① 王纲怀：《汉镜铭文图集》，中西书局，2016年，第238页，图229。

　　在简帛文献中，有些书写行款属于书写者的权宜之计。例如，敦煌汉简0007简正面为一封私信，最后一行写不下了，转写到开头一行下方，上加一短横以示区别（图1-32）。这样，文本的读序就与简中字形的平面布局不一致。简帛中常见的漏抄之后补在两侧的小字也属于这种情况，例如，敦煌汉简2253简的风雨诗就有多个抄漏后补写的字：不、兮、之（图1-33）。石刻也偶见这种情况，例如《三老碑》左下方的"祖"字后补在左侧（图1-35）。以上这些情况在数据库中的字序都应当依照正确的读序，需要的话可以在字段中标注其后补在侧的文字属性。

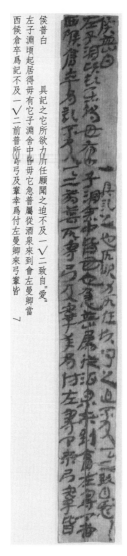 

图1-32　敦煌汉简007简正　　图1-33　敦煌汉简2253简风雨诗

此外，有些不同部位字的读序还涉及不同的简。例如，睡虎地秦简《日书》甲种中《盗者》篇的篇题"盗者"二字为跨简分布，分别位于069简背和070简背的简首（图1-34）。

3. 分栏书写

在简牍、石刻等文献中，常见分栏书写的情况。例如，汉代《三老碑》分左右两部分，右侧分四栏（图1-35）。

简牍中的分栏书写也十分常见。例如，单枚简的分栏。西北屯戍汉简簿记文书中，有许多分栏书写，有些还涉及居中的标题以及归纳总计（图1-36）。这种情况一般仍然可以用实物单位作为记录单位。

图1-34 篇题跨简示例

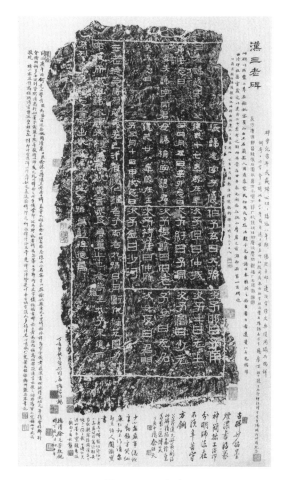

图1-35 三老碑

图1-36 玉门关作簿

对于内容连续的多枚简的分栏，需要编联之后分栏读。各栏属于同一篇内容的，如睡虎地秦简《为吏之道》，51枚竹简编联之后，分五栏书写。整理者释文除了简号外，还增加了栏号，释文读完第一栏51枚简，再读第二栏。这样一来，同一枚简的不同栏文字是不连续的，如果以实物简为记录单位就会给后续数据处理带来诸多不便，因此，宜以"栏"为记录单位。天回医简中的《治六十病和齐汤法》目录简也属于这种情况（图1-37）。

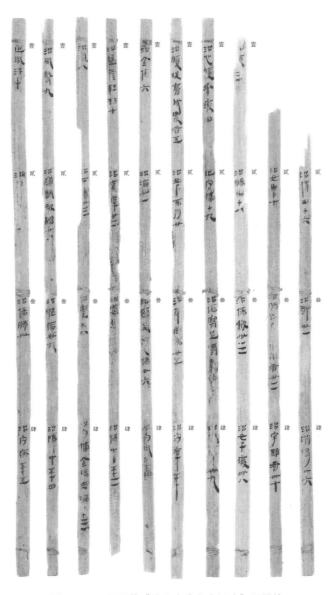

图1-37　天回医简《治六十病和齐汤法》目录简

各栏属于不同内容的，如放马滩秦简《日书》甲种第一组简上栏《建除》未抄完后转到下栏继续抄写。而下栏剩余部分的抄写又不按内容顺序抄写，而与《生男女》篇混杂。这样一来，读序就不仅要注意栏序，还要注意简序。

（五）同一实物单位中的文字属性不一致。

书体不一致。例如，有些汉碑的碑额用篆文书写，碑体则用隶书书写。碑额、碑体分两条记录则易于标记书体属性。

还有一些字的性质或功能不一致。例如，武威汉简《仪礼》各简下端标记简序号的数字、张家山336号墓《功令》中的天干编号等需要与正文的内容区分开来。青铜器铭文中的族徽文字与正文的性质也有不同。这种情况不分实物单位记录，而是在字形表中用属性字段标记，也比较方便。

有些不一致对文字学研究影响不大，则可以不予考虑。例如，居延新简的封检EPT58:115，上下两部分的书写是颠倒的（图1-38）。

（六）图表形制的复杂性。

图表作为一个整体单元，常作为查阅使用，文本的起点和终点根据实际应用决定。而在数据库处理中需要将这种随机的平面布局转换成固定的线性布局。

例如，马王堆汉墓帛书《刑德丙篇·传胜图》，《长沙马王堆汉墓简帛集成》释文从中宫开始，按照北、东、南、西的顺序排列（图1-39、1-40）。[1]

图1-38　居延新简EPT58:115

---

[1] 裘锡圭主编：《长沙马王堆汉墓简帛集成》，中华书局，2014年，第五册第50—51页。

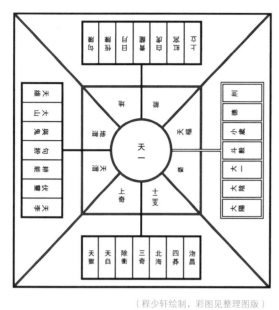

中宫	北宫	東宫	南宫	西宫
【天一】	【汋(文)昌	天李	【句陳	荆(刑)
十二支	四芇	伏輩(靈)	【恆陳	德
上奇	北海	耕能	日月	小歲
天淵(綱)	三奇	句枊	青龍	斗觳(擊)
地淵(綱)	除衡(衝)	與(輿)鬼	白虎	大(太)一
地	天匃(陷)	大(泰)山	虹宫	大(太)陰
【能	天獄	【天維】	上立	大(太)陽
天樞				
蒿				

图1-39 马王堆帛书《刑德丙》篇050传胜图

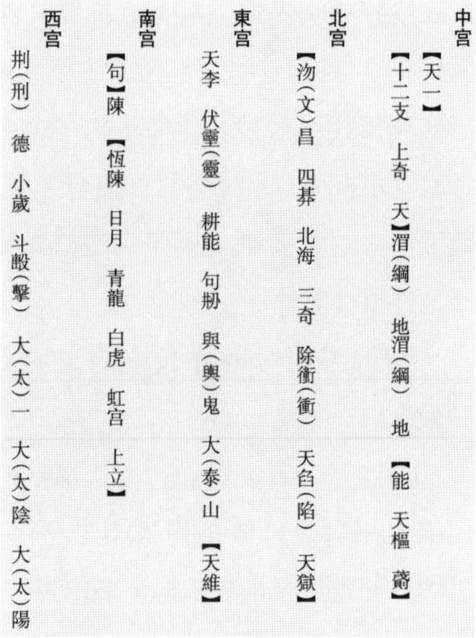

图1-40 马王堆帛书《刑德丙》篇051 传胜图释文

（程少轩绘制，彩图见整理图版）

　　而单行简中的图表则常常需要编联之后形成完整的图文单元。例如，睡虎地秦简《日书》甲种的《置室门》《人字》等篇中的图（图1-41、1-42）。

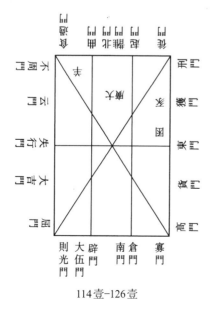

114壹-126壹

图1-41 睡虎地秦简《日书》甲种《置室门》

150壹-154壹

图1-42 睡虎地秦简《日书》甲种《人字》

简牍中常见的历日类简，类似于表格，也需要作为一个整体单元。如玉门关汉简中收录的《地节元年历谱》（著录编号DB:238）（图1-43）。

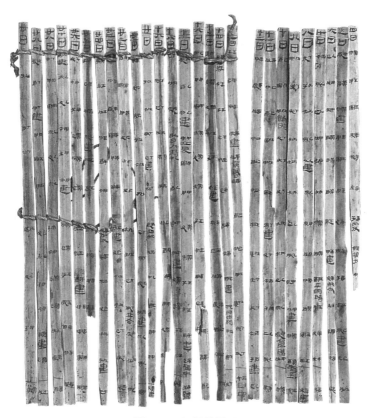

图1-43　玉门关历日

四　细化数据属性字段

文字学数据的复杂属性可以通过数据表中的字段进行标注。细致的属性标注字段，可以使研究者根据自身研究的需要不断进行数据重组，从而达到多角度利用数据、提高数据利用率的目的。同时，这也是更深层次数据统计分析研究的必要基础。随着研究的不断深入，属性标注字段也可以不断增加。

不同层次的数据表的属性字段区别很大，需要根据实际情况分析后确定。简牍类文献需在篇章层面的表中标注文献类型属性，如古书典籍、公私文书等；内容类型属性，如医学、术数、法律等。

从书写载体的角度来看，实物单位的表如商周金文表，需要设置器名、异名、器类名称、时代、诸侯国国别、内容类型、出土地点、字数等属性字段。简牍表则还常需有出土序号、整理者序号、形制、编联序号、缀合关系、正反面等属性字段。

字形单位的表作为文字学研究的核心数据表，属性字段更加复杂。除了以图像形式保存的原始字形数据外，字形方面的属性包括古文字字形的楷写隶定（如"智"常写作"暂"）、归字头等；语义功能方面的属性包括语境中的读法、词性、词义等；书写方面的属性有补字、倒书、重文、合文、讹字等，还包括行款方面的位置，阅读时的字序、行序、句序等。

字形方面复杂的属性有时还需要使用不同层次的数据表来体现，从而根据研究的需要形成独立的字形属性库。这种复杂属性如字际关系方面的属性、形体结构方面的属性、不同层次构件方面的属性等。

在数据库中，对于已建立一对多关系的上下位层次的表，上位表数据的属性信息可以通过关联被下位表继承，如书写材质属性，在以材质为首选的分库中是最高位的属性，可以被下位的简表、字表等继承。因此，整个篇章内容、时代等一致者，可以将内容分类、时代等属性标注在篇章表，下位的简表就可以继承篇章表的这些属性信息，而无须再逐条进行标注。

西北屯戍汉简的书体、内容、时代常不一致，属性标记需要具体到简。这时，可以上位属性空缺，在下位标注属性，查询中合并两个层次的相同属性字段即可。例如，西北屯戍汉简中可设置默认时代属性为西汉中晚期，少量东汉简在简牍表里标注时代属性。

五 统一数据结构

在实际文字学研究中，原始数据与学术加工数据的格式往往很不一致，需要进行统一的结构化、格式化处理，才能符合数据库处理的要求。

例如，先秦两汉出土文献中，以符号"="表示的重文很常见。符号"="所表示的其实就是上下文中前面的同一个字，在统计分析中可以作为两个相同的字对待。如果字表中也用符号"="表示第二个字，统计时就会出现数量偏差。合理的数据库做法应该是将符号"="改用实际的字形，并加字段标注其重文属性。连续几个字的重文，在读序上还需要调整。以下是马王堆汉墓帛书《老子甲本卷后古佚书·五行》5/174—6/175行的整理者释文与数据库释文。

整理者释文：

> 憂則无_中_心【_】之_知_（无中心之知无中心之知–无中心之智，无中心之智）则无_中_心【_】之_説_（无中心之説无中心之説–无中心之悦，无中心之悦）则不_安_（不安，不安）则不_樂_（不樂，不樂）则无德。君【子】
>
> 无中心之憂則无_中_心_之_聖_（无中心之聖，无中心之聖）则无_中_心_之_説【_】（无中心之説无中心之説–无中心之悦，无中心之悦）则不_安_（不安，不安）则不_樂_（不樂，不樂）则【无】①

数据库释文：

> 憂則无（無）中心之知（智），无（無）中【心】之知（智）则无（無）中心之説（悦），无（無）中【心】之説（悦）则不安，不安则不樂，不樂则无（無）德。君【子】
>
> 无（無）中心之憂則无（無）中心之聖，无（無）中心之聖则无（無）中心之説（悦），无（無）中心之【説（悦）】则不安，不安则不樂，不樂则【无（無）】②

再如，《秦汉金文汇编》收录的同铭金文，如206号的"大吉钟"，后面的207—213号同铭器器名均以"又一""又二"等形式表示。③这种表示形式在纸质的线性文本中不存在问题，但在数据库中无法进行统计分析等处理，需要逐一标注器名"大吉钟"。如果需要区分，则可以增加字段标注各器序号。

传世字书也存在同样的情况。《宋本玉篇》"囩"字下标注为"古文老"（图1-44），而"䰠"字因为跟在其正体"祟"之后，即省略了这个"祟"字（图1-45）。数据库中均需统一标注正体字头。

图1-44
《宋本玉篇》
"囩"字

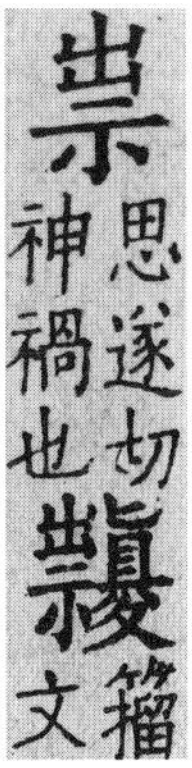

图1-45
《宋本玉篇》
"䰠"字

---

① 裘锡圭主编：《长沙马王堆汉墓简帛集成》，中华书局，2014年，第1册第103页、第4册第58页。
② 这里用下划线标记出重文，数据库中用属性字段标记。
③ 孙慰祖、徐谷甫编著：《秦汉金文汇编》，上海书店出版社，1997年，第147—152页。

第四节

表数据的输入和使用

在表的结构设计完成后，接下来即是数据输入的工作。数据库的优点是擅长分析处理大量的数据，因此数据库必定要以拥有大量数据为前提。大量基础数据的录入处理，也是数据库建设中最为费时费力的工作。

除了手工录入基础数据之外，有些基于基础数据的数据表可以通过"生成表查询"等方式在系统中自动生成。如根据出土文献释文表，可以用代码生成字表；根据字表，可以通过"生成表查询"生成字频表等。

此外，其他Access数据库或应用程序中的外部数据也可以通过复制、导入、链接等方式进行使用，从而节省数据录入的时间。

一　数据表显示格式的设置

数据表视图中，"开始"功能区的"文本格式"提供了数据表的显示字体、字号、文本对齐形式等外观的控制功能。需要注意的是，数据表视图中无法同时显示多种字体。

网格线命令可以控制网格线的形态（图1-46）。"设置数据表格式"对话框提供了更加复杂的网格线及单元格设置形式（图1-47）。

图1-46　设置网格线

单击数据表左上角带有三角标记的灰色方块，可以选中整个表。单击记录左边的灰色记录选择区域可以选定整条记录，单击字段名则可以选定整个字段列。选定一个列拖动时可调整列的左右位置。鼠标右键点击字段名，快捷菜单中的"隐藏字段"命令可以让暂时不使用的字段不可见。"取消隐藏字段"命令可以打开"取消隐藏列"对话框（图1-48）。

图1-47　设置数据表格式　　　　　图1-48　"取消隐藏列"对话框

　　将光标放到两个字段列中间或两条记录之间的选择区域时，光标将变成带左右或上下箭头的十字形，拖动鼠标，即可改变列宽和行高。

　　当一个表的字段太多时，窗口无法同时显示所有列。因此，使用时只能左右移动滚动条。为了让某一个或几个关键的列能够一直看到，可以冻结这些列。选择需冻结列后，右键点击该字段，并选择快捷菜单中的"冻结字段"，该列即自动移到窗口左侧，并保持不动。冻结列和未冻结列之间自动用不同的网格线区分。

二　表数据的输入和编辑

　　在表中使用、添加以及编辑数据时，数据表左侧的灰色选择区域通过不同的图标显示记录的状态：

　　🖉 记录正在编辑，当前改变尚未保存；

　　✳ 数据表尾部新的空记录。

　　当光标离开当前编辑记录跳转到另一条记录时，铅笔图标消失，Access即自动保存刚编辑过的记录，无须手动保存所作编辑。

　　在长文本字段中输入大量文本时，可以按【Shift】+【F2】组合键打开"缩放"窗口（图1-49），在此窗口的文本框中进行输入，更便于操作。单击"字体…"按钮，可以设置文本框的字体、字号等。

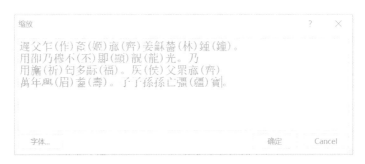

图1-49　"缩放"窗口

为了尽量方便数据的输入和修改，还有一些数据输入、修改的技巧。

1. 在查询中修改数据

查询可以将需要修改数据的记录和字段集中反映出来，方便修改。查询中的数据修改能够与数据表同步。

2. 在窗体中输入数据

窗体是添加或修改表中数据的主要途径之一。特别是字段较多或某一字段的内容较长，在一行中放不下时，使用窗体更加方便。

3. 使用快捷键

Access数据库中的常用快捷键见表1-11。

表1-11　常用快捷键及功能

功　　能	快　捷　键
将光标移到字段的开头	Ctrl+Home
将光标移到字段的结尾	Ctrl+End
插入当前日期	Ctrl+ 冒号 / 分号（:/;）
插入当前时间	Ctrl+Shift+ 冒号 / 分号（:/;）
插入字段的默认值	Ctrl+Alt+ 空格
插入与前一条记录相同字段中的值	Ctrl+ 单引号（'）
新添记录	Ctrl+ 加号（+）
删除当前记录	Ctrl+ 减号（–）
保存对当前记录的更改	Shift+Enter
输入文本时换行操作	Ctrl+Enter

4. 修改编辑设置

Access "选项"中"客户端设置"的编辑行为设置，可以选择某些操作的方式，根据需要加以改变可以方便数据的修改（图1-50）。例如，通过箭头键进入字段时，默认"选择整个字段"。如果只要修改最后一个字符的值，可以选择"转到字段末尾"。

图1-50　更改"客户端设置"

三　表数据的使用

1. 数据排序

依据某个字段的值进行记录排序，可以将光标放在作为排序依据的字段的任何记录上，或者移到字段名上，出现↓符号时单击选择整个字段，再单击"开始"功能区的升序按钮 升序 或降序按钮 降序 即可。短文本字段中，汉字的排序默认依据汉语拼音顺序。[①]

如果要根据多个字段排序，则须将排序字段移到一起，同时选中排序字段后，单击排序按钮。Access将依据从左到右的字段顺序进行数据排序。

要恢复到排序前的顺序，可以单击"取消筛选/排序"按钮 取消排序 。

2. 数据查找

查找特定记录，可以将光标放在需要查找内容的字段中，然后点击"开始"功能区中的查找按钮 查找 ，弹出"查找和替换"对话框（图1-51）。在"查找内容"文

---

① 默认值可以在 Access 选项中设置。

数
据
表

本框中输入要寻找的文本。"查找范围"选项有"当前字段"和"当前文档"两个选项。前者只查找光标所在字段,后者查找当前表的全部字段。"匹配"选项有"字段任何部分""整个字段""字段开头"三个选项。

图1-51 "查找和替换"对话框

在查找过程中,可以使用通配符查找内容。具体见表1-12。

表1-12 常用通配符及用法

通配符	含 义
?	西文问号,查找任意单个字符。
*	星号,查找任意数量的字符。
#	井号,查找任意一个数字。如##,查找两位数字,如果字段值是157668,查找结果有3个:15、76、68。查找条件"###"可以找到空格加三位数字。
[ ]	方括号,查找方括号中的任意一个字符,方括号中可以有多个字符。如[臣天],查找结果包含所有有"臣"或"天"的记录。
–	连字符,与方括号配合使用,查找方括号内指定范围内的任意字符。如[5–8],查找结果包含5、6、7、8。
!	西文感叹号,与方括号配合使用,查找方括号内指定范围以外的任意字符。如[!35],查找结果不包含数字3、5。

3. 数据筛选

要对选定内容进行筛选,可以选定文本,单击鼠标右键,在快捷菜单中选择相应的筛选条件。例如,选择包含"祭",结果将显示《说文解字》说解中所有包含"祭"字的记录(图1-52)。这时,"切换筛选"按钮 ▽切换筛选 呈现选中状态。此时,单击"切换筛选"按钮可以取消筛选。

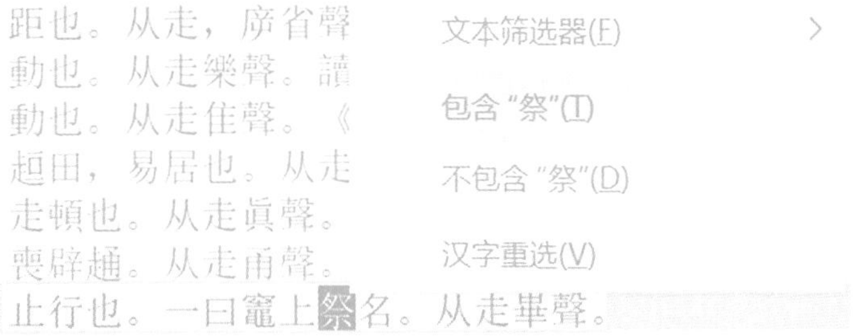

距也。从走，席省聲
動也。从走樂聲。讀
動也。从走佳聲。《
赳田，易居也。从走
走頓也。从走真聲。
喪辟通。从走甬聲。
止行也。一曰寵上祭名。从走畢聲。

文本筛选器(F)   >

包含"祭"(T)

不包含"祭"(D)

汉字重选(V)

图1-52　设置选定文本筛选条件

如果一个字段不是长文本字段，而且不重复值较少，可以通过"开始"功能区中的"筛选器" 按钮，或单击字段名右侧的下拉箭头，即可出现该字段的所有不重复值多选列表。通过勾选这些不重复值，可以进行自动筛选（图1-53）。

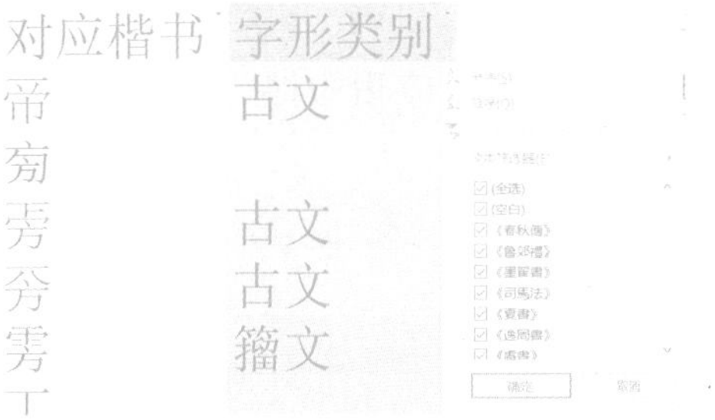

"筛选器"中的"文本筛选器"提供了多种条件匹配选项（图1-54）。

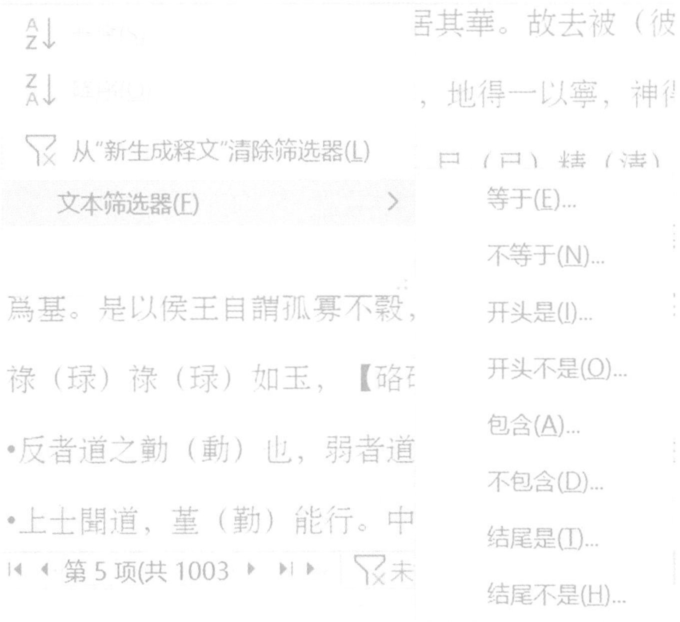

对应楷书 字形类别
帝   古文
窍   古文
雾   古文
夯   古文
雾下   籀文

图1-53　显示筛选器多选值列表

咢其華。故去被（彼

，地得一以寧，神得

巳（巳）精（清）

等于(E)…

不等于(N)…

开头是(I)…

开头不是(O)…

包含(A)…

不包含(D)…

结尾是(T)…

结尾不是(H)…

A↓Z

Z↓A

从"新生成释文"清除筛选器(L)

文本筛选器(F)   >

爲基。是以侯王自謂孤寡不穀，

祿（琭）祿（琭）如玉，【硌

•反者道之勤（動）也，弱者道

•上士聞道，蓳（勤）能行。中

第5项(共1003)　　未

图1-54　设置"文本筛选器"条件匹配

"排序和筛选"功能组中的"高级"选项提供了"按窗体筛选"功能，此功能提供了多个条件的数据筛选（图1-55）。

选择此功能进入"按窗体筛选"模式后，数据表视图将只呈现一个空白行，此行的每个字段都包含一个下拉列表。每个字段都可以输入条件，也可以在下拉列表中选择条件（图1-56）。完成条件输入后，单击"切换筛选"按钮，即可显示同时满足多个字段条件的数据。单击窗口底部的"或"选项卡 查找 或 ，在各个字段勾选其他条件，则可以实现查看结果和查看筛选条件之间的切换。

图1-55 "按窗体筛选"命令

图1-56 "按窗体筛选"下拉列表示例

4. 数据汇总

功能区的"记录"组中的 ∑合计 按钮，提供了数据汇总功能。单击该按钮，数据表下端将出现"汇总"行。"汇总"行可以显示"合计""平均值""计数"等运算结果（图1-57）。

图1-57 "汇总"行运算选项

四　使用外部数据

　　Access数据库的"外部数据"功能区提供了从别的Access数据库获取数据表的方法。来自其他Access数据库的数据表有导入和链接两种方式（图1-58）。

图1-58　获取其他Access外部数据对话框

　　导入之后的数据表与源数据库失去联系，独立于源数据库成为本地表。除了数据表之外，查询、窗体、报表、宏、代码模块等也可以从其他Access数据库导入。在外部数据库左侧的导航窗口右键单击需要导入的表，选择快捷菜单中的"复制"，再到本地数据库左侧的导航窗口，右键单击任意位置，选择快捷菜单中的"粘贴"，也可以很方便地导入数据表。粘贴时弹出的"粘贴表方式"对话框可以选择不同的粘贴选项（图1-59）。

粘贴表方式   ?   ×

表名称(N):   ┌─────────────┐
                                            │   确定   │
秦简牍卷用字表   └─────────────┘

粘贴选项   取消

○ 仅结构(S)

◉ 结构和数据(D)

○ 将数据追加到已有的表(A)

图 1-59　粘贴方式选项

　　链接的数据表只是对源数据库中数据表的引用，实际数据表仍然保存在源数据库中。因此，链接表所在的数据库不能移动、不能改名，否则链接将失效。失效的链接表需要在"外部数据"功能区的"导入并链接"组中打开"链接表管理器" 链接表管理器 重新链接。链接表图标前有一个箭头标记，与本地表相区别。链接表的数据可以直接修改，但是表结构的修改只能回到源数据库中进行。

　　Access数据库也可以从其他应用程序获取数据，这些应用程序包括Excel电子表格、HTML文档、XML文件、文本文件、SQL Server数据库等（图1-60）。

图 1-60　获取新数据源选项

第二章
文字学数据的检索与统计分析
——查询

Access数据库中建立数据表并完成所需数据的输入之后，最重要的问题就是怎样有效利用这些数据。这不仅包括数据的排序和检索，还包含数据的重新组织以及不同类型、不同角度的多样化统计分析。查询是完成这些功能的基本手段。

第一节

查询基础

在Access数据库的"查询设计"功能区中，可以看到多种查询类型（图2-1）。现根据文字学研究的需要，分别讨论常用的查询类型。其中，"选择查询"是一种基础的查询方式，也是最常用的查询类型，主要用于数据检索，也可以在检索结果中进行数据修改，修改结果会同步反映在查询所基的原始表中。其他查询类型也大多要以选择查询为基础创建。因此，我们从"选择查询"入手了解查询。在讨论中，如果没有特别说明，"查询"一词也大多指"选择查询"。

图2-1　查询类型选项

一　查询的创建

创建查询可以通过"创建"功能区选项卡中的"查询向导"和"查询设计"进行（图2-2）。

（一）查询向导

查询向导可以完成多种类型查询的创建。"简单查询向导"用于完成最基础的查询设计（图2-3）。

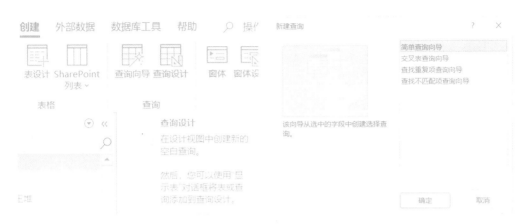

图2-2　查询创建方式　　　　　　　图2-3　查询向导选项

简单查询向导操作主要有以下几个步骤：

1. 在"表/查询"列表中选择查询所基的原始表或查询，也就是要先确定从哪一个表或已有查询中选择数据（图2-4）。

2. 完成"表/查询"选择后，"可用字段"列表会列出所选表或查询的所有字段。双击想要在新建查询中显示的字段名，或者选中字段，单击中间的">"符号，该字段将从左侧的"可用字段"列表移到右侧的"选定字段"列表。单击">>"符号，可以选择所有字段。"<""<<"可以取消字段选择（图2-4）。

图2-4　原始表字段选择对话框

3. 点击"下一步"，可以为所建查询命名，并选择打开"打开查询查看信息"或"修改查询设计"（图2-5）。前者显示查询结果的数据，即"数据表视图"；后者则进入"查询设计"界面，即"设计视图"。图2-6的查询共显示了4个字段。

"数据表视图"用于查看、修改、增删数据，所做的修改会反映到该查询所基的原始表或查询。① "设计视图"只能用于修改查询结构，不能修改数据。两者可以在"开始"功能区选项卡最左侧的"视图"菜单中切换（图2-7）。

图2-5　查询命名

图2-6　查询字段选择结果示例　　　　　　图2-7　视图切换

---

① 在查询的数据表视图中所进行的最后一次筛选和排序，可以作为查询设计保存在筛选和排序两个查询属性中。

（二）查询设计

"查询设计"界面右侧为"添加表"窗口，"表""链接""查询""全部"四个选项卡中列出当前数据库中的所有本地表、链接表以及查询（图2-8）。选中新建查询所基的源表或查询名称，双击该表或查询名，或单击下方"添加所选表"按钮，所选表将出现在左侧查询设计网格（QBE，Query By Example按例查询）上部灰色的字段列表区域。

图2-8 查询添加表示例

在添加表至查询中后，接着就可以决定查询中所需的字段。可以双击需要在新建查询中显示的字段名，QBE下部的字段列中会出现该字段。也可以按住鼠标左键，将字段拖到设计网格的空白"字段"行，还可以通过网格"字段"行的下拉箭头选择所需字段（图2-9）。如果要选择多个字段，可以按住【Ctrl】键，逐个选中字段列表中的所需字段。如果要选择全部字段，则可以双击"*"。

图2-9 "字段"框中的选项

在下方设计网格中将光标放到"字段"行上方的灰色字段选定条时，光标会变成向下的黑色箭头↓，这时可以通过拖动字段改移字段的左右位置，也可以删除、插入字段。

如果要对查询结果进行排序，可以在需要排序字段的"排序"行中选择升序或降序。如果要对多个字段进行排序，查询就会依据从左到右的顺序进行排序。因此需要特别注意，设计视图中排序字段的左右位置会影响到查询结果的顺序。

一般来说，查询结果需要什么字段就把什么字段放到查询设计网格。但是有些字段虽然需要作为排序或筛选的条件，但结果中不需要显示。这时，可以取消"显示"行复选框中的勾选，使这个字段在结果中不显示。

设计完成后，点击数据库窗口左上角 图标，以简明的名称命名并保存查询即可。[①]查询所保存的只是从原始表中检索数据的语法规则，而不是数据本身，数据依然只保存在表中，所以可以在查询中直接修改数据，查看结果跟在表中修改是相同的。如果对表数据进行了修改之后再打开查询，查询中的数据也会同步更新。

二 查询准则：静态条件

前面示例的简单查询所显示的结果是表中的所有记录。如果要让查询只显示满足某个条件的记录，则要在相应字段的"条件"行中输入查询条件。例如，在"时代"字段的"条件"行中输入"西周早期"，查询结果就只包含所有时代为西周早期的记录，其他记录则不会显示（图2-10）。查询的条件可以很复杂，需要在确定检索目标的基础上，通过分析数据特征进行确定。

查询准则可以在查询设计网格的"条件"行中直接输入，也可以通过生成器来填写。生成器是一个功能强大的准则书写工具，其中列出了所有运算符和查询准则能够引用的内置函数、数据库对象等，使用起来非常方便。

在"条件"行中单击鼠标右键，选择快捷菜单中的"生成器"即可启动生成器（图2-11）。双击相应的操作符、函数等，上方的书写框中会出现相应的表达式。根据需要修改表达式，单击"确定"后条件表达式即会出现在设计网格的"条件"行中（图2-12）。

---

① 查询名称不允许与表的名称相同。

图2-10　查询条件示例　　　　　　　　图2-11　选定"生成器"

图2-12　利用表达式生成器设置条件

1. 精确条件

精确条件用于查找整个字段中与条件完全匹配的记录，如图 2-10 的时代条件"西周早期"就是精确条件。精确条件用比较运算符"="，此运算符一般省略不写。条件字符串两端需要加上英文状态的引号" "，数字条件不加引号。

表格中看上去是空的字段，其实有两种情况，一种是没有数据，即空值 Null；另一种则是空字符串，即""。这两种情况在视觉上没有差别。为了保证检索结果的完整，检索此类记录件可以使用逻辑运算符 Or 来书写表达式："" Or Is Null。

查找不包含的精确条件，用比较运算符"<>"。例如，设置条件：<>"西周早期"，查询结果即包含时代为"西周早期"以外的所有记录。

运算符"<>"在使用的时候有一点需要注意：当条件字段有空值，即未填任何数据时，使用"<>"运算符会连同空值的记录一起排除。例如，表 2-1 所示为《说文解字》篆形数据。正篆的字形类别字段未填，只填了重文的字形类别。要排除其中字形类别为"古文"的记录，如果只用条件：<>"古文"，查询结果将只有字形类别为"篆文"的一条记录，字形类别未填的记录则不显示。若要同时显示空值记录，需要用条件：<>"古文" Or Is Null。如果查询设置条件要排除空值，则使用表达式 Is Not Null，表 2-1 如果用 Is Not Null 作为条件，将只显示字形类别为"篆文""古文"的两条记录。

表 2-1 《说文解字》篆形数据表

字　头	字　形	字　形　类　别
叓	叓	
上	⊥	
上	上	篆文
帝	帝	
帝	帝	古文
旁	旁	

2. 模糊条件

模糊条件用来查找只与字段部分匹配的记录。例如，某些青铜器的断代难以确定殷、西周早期、西周中期这三个时间段之间的界限，因此时代标记为殷或西周早期、西周早期或西周中期。如果检索结果需要包含这些记录，可以使用字符串运算符Like来书写条件表达式：Like "*西周早期*"。条件字符串两边的通配符"*"号表示任意多个字符。条件表达式：Like "西周早期*"，左边没有"*"号，则不包含殷或西周早期的记录。再如，要查找释文中所有包含"王"字的记录，可以在"释文"字段使用条件：Like "*王*"。如果查询结果需要所有包含"王"字以外的记录，则在条件前面加Not：Not Like "*王*"。

查询条件中可以使用的常用通配符及用法见表1-12。

3. 范围条件

用于检索某一区间范围内的数据。例如，要查找青铜器铭文字数在100字以上的记录，可以在"字数"字段使用条件表达式：>100。">"是比较运算符，表示大于。其他比较运算符还有>=（大于等于）、<（小于）、<=（小于等于）。如果范围条件在两个值之间，可以使用And连接两个值。例如，"字数"字段的条件：>=4 And <=10，用于检索字数在4和10之间的记录。同样的条件还可以使用Between运算符：Between 4 And 10，此结果也包含边界值4和10。比较运算符应用于汉字时，汉字默认以拼音排序。例如，条件：>"阿" and <"八"，用于检索显示表中按拼音顺序排列的位于"阿"和"八"之间的汉字。

范围条件检索时，用And连接的两个范围值之间的条件需要同时满足。查询设计网格同一"条件"行上多个不同字段的条件也具有逻辑上的And关系，需要同时满足。图2-13检索的是西周早期的鼎类青铜器中，释文包含"乍……彝"的记录。

图2-13 同一"条件"行设置不同字段And关系的复合查询条件

在查询设计网格的不同行内输入的条件，相互之间则是逻辑上的Or关系，即只要满足其中任何一个条件，记录都会显示在查询结果中（图2-14）。

图2-14 不同"条件"行设置同一字段Or关系的复合查询条件

这样的条件也可以写在同一行，用"Or"连接（图2-15）。

不同字段之间的"Or"条件还是需要写在不同的行内。如图2-16，检索的是时代为"西周早期"或者器类名称为"簋"的所有记录。

图2-15 同一"条件"行设置同一字段
Or关系的复合查询条件

图2-16 不同"条件"行设置不同字段Or关系的复合查询条件

如果"Or"连接的条件比较多，可以改用更便于书写的In条件值列表。例如，"器类名称"字段的条件In（"簋","鼎","鬲"），等同于"簋" Or "鼎" Or "鬲"。

三 查询准则：动态条件

这里说的动态条件是指在查询设计时并不明确具体的条件，在查询运行过程中才明确具体条件值。以下分字段条件和用户参数条件两个方面来说明。

（一）字段条件

字段条件是以一个字段的值作为另一个字段的条件。例如，《说文解字》中有一部分字的释义用语是包含字头的双音节词。如《玉部》："琅，琅玕，似珠者。""玗，琅玗。""瑾，瑾瑜，美玉也。""瑜，瑾瑜，美玉也。"《走部》："趠，趠趫，行不进也。""趫，趠趫也。"段玉裁《说文解字注》"瑜"字条称这种情况为"合二字成文"。他认为"其义既举于上字，则下字例不复举"，因而将"瑜"下的释义改为"瑾瑜也"。[①]并在每个上字的释义二字后标注了"逗"，意思是此处要断读。这样，这种释义形式的结构就是："A，AB，……""B，AB也。"还有释义完全相同的形式，如《鸟部》："鸳，鸳鸯也。""鸯，鸳鸯也。"

要检索这些记录，可以使用以下查询（图2-17）。用"字头"字段作为"说解"字段的条件，一个条件匹配第一个字，另一个条件匹配第二个字。

图2-17　设置查询字段动态条件示例

上述查询条件的检索结果包含表2-2的记录：

表2-2　含有错误值的字段条件查询结果

字头	说　解
蹭	蹭蹬，失道也。从足曾聲。
蹬	蹭蹬也。从足登聲。
蹉	蹉跎，失時也。从足差聲。
跎	蹉跎也。从足它聲。

---

① 段玉裁：《说文解字注》，上海古籍出版社，1989年，第10页。

续　表

字头	说　　解
神	天神，引出萬物者也。从示申。
祇	地祇，提出萬物者也。从示氏聲。
祭	祭祀也。从示，以手持肉。
祡	燒祡樊燎以祭天神。从示此聲。《虞書》曰："至于岱宗，祡。"

前4条记录符合前面实际的检索要求，后4条记录则不完全符合。这种检索结果超过前期预设的情况可以通过手工校验的方式排除，也可以通过分析数据，进一步增加条件表达式进行限定。值得注意的是，因为遗漏的数据很难被发现，设计查询的时候需要特别避免检索结果记录的遗漏，尽量做到"宁滥毋缺"。

（二）参数查询

有时设计查询时并不知道查询的确定准则，需要数据库用户自己输入条件，这时就可以运用参数查询。例如，用户根据需求查找某一类青铜器粹文数据时，可以把在窗体中输入的值作为参数准则来设计查询。在"器类名称"字段下的条件行中输入准则："[器类名称]"（图2-18）。注意参数准则要用"[ ]"括起来。然后用鼠标右键单击查询设计窗口上部的空白处，在弹出的快捷菜单中选择"参数"（图2-19），再在"查询参数"窗口设置参数和数据类型（图2-20）。

图2-18　设置参数查询条件示例　　　　　　　　图2-19　选定"参数"

图2-20　设置查询参数和数据类型

　　单击"运行"命令运行此查询（图2-21）。运行或打开此查询时，首先会弹出如图2-22所示的输入参数对话框，要求用户输入参数，然后根据输入的参数值运行查询并显示结果。

图2-21　"运行"命令按钮　　　　图2-22　"输入参数值"对话框

四　多表查询

　　查询不仅只从一个表中检索数据，而且时常需要从两个或多个表中检索数据。例如，检索《三代吉金文存》中著录的某一类青铜器铭文时，需要在商周金文表和金文著录表这两个表中确定查询条件，即可在查询设计中联接这些表。联接有内联接、外联接和自联接等类型。外联接又有左联接和右联接的区分。

（一）联接属性的设置

　　在查询设计窗口添加所需的两个表，用鼠标左键按住一个表中需要关联的字段，拖到另一个表的相应关联字段，两个表的关联字段之间就会出现一条关系线。这条关系线表示对两个表的字段进行"相等"匹配操作。鼠标右键单击这条关系线，可以删除关系，也可以打开"联接属性"窗口设置联接属性（图2-23）。[①]

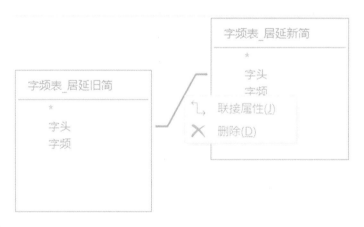

图2-23　设置关联字段的关系线

　　联接属性中的选项1为内联接，查询结果只包含两个表中联接字段相等的记录。大多数的多表查询都会选择这种联接类型，因此这是系统默认的联接类型。选项2为左联接，包含左侧表中的所有记录和右侧表中的相等记录。选项3为右联接，包含右侧表中的所有记录和左侧表中的相等记录（图2-24）。

---

① 这里建立的联接是临时性的。表设计时建立的多表关系在查询中会自动显示，无须重新建立联接。

图2-24　联接属性对话框

　　联接属性设置完成后，查询设计窗口的两个表之间的关系线两端的箭头会根据联接属性的不同呈现不同的形态，表示两个表之间匹配规则的不同。内联接的关系线两端都有箭头；左联接的关系线右端有箭头，指示右表只显示相等记录；右联接的关系线左端有箭头，指示左表只显示相等记录。图2-25所示为左联接的关系线状态。查询结果中，右表的两条记录是空的，指示右表中没有相应的记录（表2-3）。

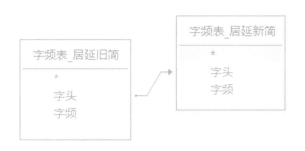

图2-25　左联接关系线示例

表2-3　左联接查询结果示例

旧简字头	旧简字频	新简字头	新简字频
冒	8	冒	1
柅	8		
回	8	回	11
古	8	古	12
異	8	異	15
檣	8		

（二）自联接

自联接是将一张表联接到自身，可以看作是Access数据库中一种特殊的多表查询。当一张表中的某个字段或某几个字段的数据之间存在某种联系时，可以使用自联接进行关联。

以《说文解字》互训字、递训字的检索为例，说明自联接的查询操作。

1. 基于"说文字头表"建立一个查询，命名为"单字训"。 此查询以代表任意单个字符的通配符"?"加释义用字"也"作为"说解"字段的条件，筛选出以单个字进行训释的记录。在右侧新字段中以"训释字"命名，用Left函数析出"说解"字段的释义字（图2-26）。

图2-26　Left函数析出释义字示例

2. 新建查询，添加两次"单字训"查询。 第二次添加的表名后面自动加"_1"作为区别。分别联接两个表的"字头"和"训释字"字段（图2-27）。

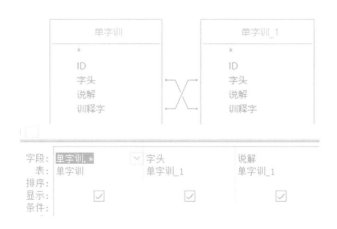

图2-27　设置互训自联接字段关联

结果所显示的记录即为互训字。如表2-4所示。

表2-4　互训查询结果

单字训.字头	单字训.说解	单字训_1.字头	单字训_1.说解
珍	寶也。从玉㐱聲。	寶	珍也。从宀从王从貝，缶聲。
玩	弄也。从玉元聲。	弄	玩也。从廾持玉。

3. 新建查询，连续添加"单字训"查询，可以根据需要添加多次。系统依次在后添加的表名后面自动加"_1""_2"……作为区别。依次关联左侧表的"训释字"字段和右侧表的"字头"字段。各表"字头"字段下的条件用来排除互训记录（图2-28）。

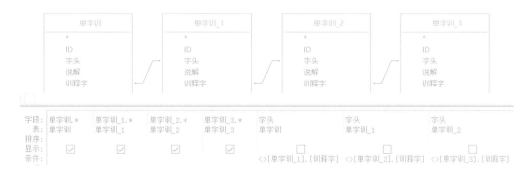

图2-28　设置递训关联和排除互训的条件

查询结果即显示递训记录。如表2-5所示。

表2-5　递训查询结果

字　头	说　　解
積	聚也。从禾責聲。
聚	會也。从禾取聲。邑落云聚。
會	合也。从亼，从曾省。曾，益也。

（三）多表联接的记录集类型属性

在查询的"设计视图"中，按【F4】键，或单击"查询设计"功能区的

属性表 按钮，或鼠标右键单击查询设计窗口上部的空白处，在弹出的快捷菜单中选择"查询"，都可以显示查询的"属性表"窗口（图2-29）。

图2-29　查询属性设置窗口

　　常规属性中的"记录集类型"属性决定能否在查询中修改数据。默认情况是"动态集"，这表示允许对原始数据进行更新。如果设置为"快照"，查询结果中的数据不允许更新，但查询结果显示速度会比较快。基于单个表的普通选择查询，在默认的"动态集"状态下通常允许在查询中直接对数据进行修改。但是在多表查询中，如果两个表的联接字段都不是主关键字段，默认的"动态集"也不允许对数据进行修改。这时需要将记录集类型属性改为"动态集（不一致的更新）"，才能对查询中的数据进行修改。

第二节
数据统计

　　Access数据库中选择查询的目的主要用于检索并显示所需数据。除此之外，查询更为重要的功能是进行数据的统计分析。这种统计分析包括基础的描述性统计，例如，异体、通假、词语搭配等语言文字现象的实际数量、相关现象的数量对比、所占百分比等。也可以在此基础上进行一些推论性的分析，例如，文字现象的共时地域或文献分布、历时变化趋势等。这些数据都是计量研究的基础。本节主要讨论为数据统计分析提供支持的多种查询类型。

一 聚合查询

　　运用聚合查询可以便捷地分组和汇总数据。聚合查询可以计算总和、平均值、计数、最小值、最大值等。

1. 创建聚合查询

　　这里以秦汉简帛文献用字的统计为例进行操作说明。

　　在查询设计窗口添加所需的表及相应的字段之后，在"查询设计"功能区选择 ∑，窗口下方查询设计网格的每个字段下将出现"总计"行（图2-30）。

图2-30　设置汇总查询

"总计"行的默认值为"Group By",表示依据字段的唯一值进行分类统计。如果有两个以上的字段值为"Group By",则将对两个以上字段值的组合唯一值进行分组。

将"ID_序号"字段下的"总计"行改为"计数"。切换到数据表视图,即可查看分组统计的结果。这里显示"倍"的4种用字形式及其计数结果。除非用户指定,Access查询结果中均以"原字段名+之+聚合函数名"的形式自动生成进行聚合计算的字段别名,这里为"ID_序号之计数"(表2-6)。

表2-6　汇总查询的计数结果

读为字	字头	ID_序号之计数
倍	稽	1
倍	奉	2
倍	負	7
俗	伓	1

如果聚合查询中没有用于分组(Group By)的字段,则查询结果将返回所有记录的计算结果(图2-31)。

2. 聚合函数

单击需要聚合计算的字段的"总计"行的下拉箭头,可以选择所需的计算方式,即聚合函数。查询设计中共有9种常见的聚合函数,其中合计、平均值、计数、Stdev(标准偏差值)、变量等五种函数执行数学运算,运算时会排除 Null 值记录。最小值、最大值、First(第一条记录)、Last(最后一条记录)等四种函数对所有记录求值后返回单个值。图2-32、表2-7所示为通过聚合查询提供的秦汉简帛用字描述性统计的一些内容,包括用字组数量、频率合计、最高频率、最低频率、平均频率等。

图2-31　选定"计数"

图2-32　聚合查询函数示例

表2-7　聚合查询结果示例

本字	用字组数量	频率合计	最高频率	最低频率	平均频率	平均频率_两位小数点
勋	12	57 9		1	4.75	4.75
止	11	34 3		1	3.09090909090909	3.09
與	11	79 8		1	7.18181818181818	7.18
静	10	21 4		1	2.1	2.1
逾	9	41 7		1	4.55555555555556	4.56

　　聚合函数下拉列表中还有两个选项：Expression、Where。Expression用于创建表达式中的自定义计算。上述示例中，用Round函数将平均值聚合函数得到的平均频率取小数点后两位，表达式为：Round(［平均频率］,2)。Where指定不用于分组的字段准则。如果选定这个字段选项，Access 将清除"显示"复选框，在查询结果中隐藏这个字段。

二　查找重复项查询

　　查找重复项查询用于查询某一个字段的重复值数量，实际上也是对该字段数据的计数，除了只出现一次的值，其余查询结果与聚合函数中的计数相同。这种查询可以广泛应用于字频统计、词频统计、用字习惯统计等与频率相关的研究统计。例如，要统计"用字记录"表中的本字，即读为字的总数及各自的出现频率，可以通过查询"读为字"字段中的重复项来实现。

　　查找重复项查询的创建可以使用查找重复项查询向导。启动"查找重复项查询"向导，选择表或查询名，这里选择"用字记录"，单击"下一步"（图2-33）。

图2-33　选定查询创建重复项查询

选择所需检索重复值的字段"读为字"，单击中间的符号 > ，使之进入右侧的
重复值字段列表框，单击"下一步"（图2-34）。

图2-34　选定重复值字段

确定是否需要显示重复值之外的其他字段，然后直接点击"下一步"（图2-35）。在下一步中输入查询名称保存。

图2-35 选择需显示的其他字段

最后生成的查询中会包含"读为字 字段"和"NumberOfDups"两个字段。前者是"读为字 字段"的不重复值，后者则显示该字段的重复数量（表2-8）。

表2-8 重复值的查找结果

读为字 字段	NumberOfDups
燧	1839
無	1692
已	1682
其	1515
值	1021
太	1020

从此查询的设计视图可以看出，这个查询就是以"读为字 字段"为分组，显示其第一条记录和计数的聚合查询。条件">1"则排除了只出现一次的记录，因此只剩下了有重复值的记录。只要删除此条件，或者将条件改为">=1"则可以显示全部记录（图2-36）。

图2-36 设置查找重复值的条件

此向导操作方便，可以广泛应用于频率统计、数据分析等场合。需要注意的是，由于计数忽略Null值，所以针对两个以上字段创建重复项查询时，如果一个字段有Null值，会出现这些记录不显示的情况，造成结果不准确，这时可以改用交叉表查询等方式进行数据统计。

三 查找不匹配项查询

查找不匹配项查询主要用来查找两个表或查询中某一字段的不匹配记录。这种查询常可以用来发现某个表中的独特记录，如某个时代、某种文献中特有的字。也可以对添加多重And或Or条件之后的查询记录与原始记录进行比较，以便检查查询条件是否正确。

查找不匹配项使用不匹配项查询向导可以很方便地进行创建。以"字频表_居延旧简"和"字频表_居延新简"这两个表为例，说明其创建的操作步骤。

在"创建"功能区的"查询向导"中启动"查找不匹配项查询向导",点击"确定",进入向导（图2-37）。

图2-37 启动查找不匹配项查询向导

向导首先需要选择哪个表或查询中包含需要查找的记录，这里选择"字频表_居延旧简"，进入下一步（图2-38）。

图2-38 选择包含需要查找记录的查询"字频表_居延旧简"

　　选择用于比较的表或查询，这里选择"字频表_居延新简"，进入下一步
（图2-39）。

图2-39　选择用于比较的查询"字频表_居延新简"

　　选择两个表中用于比较的匹配字段，即选择"字头"字段，点击中间的 <=> 按
钮，两个字段列表下方的"匹配字段"将出现字段信息，单击进入下一步（图2-40）。

图2-40　选择"字头"匹配字段

完成匹配字段后，在左侧可用字段列表中选择查询结果想要显示的字段，单击中间的 ⌐>⌐，该字段即进入右侧的选定字段列表。点击 ⌐>>⌐，则选择显示所有字段。进入下一步，保存查询，完成向导的所有操作步骤（图2-41）。

图2-41 选定需显示的字段

通过向导完成后的查询设计视图见图2-42。

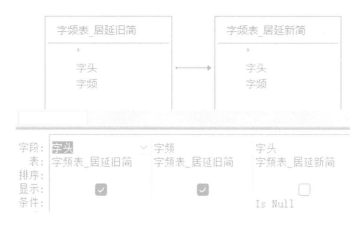

图2-42 设计视图状态的不匹配项查询

查询结果显示，在居延旧简出现而居延新简未出现的字中，频率比较高的字有輤[1]（14次）、延（12次）。前者的语境为"輤车"，后者的语境为"延和"，均是年

---

[1] 本书引用字例保持数据库原貌，不使用简化字。

号，即典籍中的"征和"。同样地，反过来检索"字频表_居延新简"有而"字频表_居延旧简"没有的记录，则有壤（19次）、倜（15次）等频率比较高的字。

四 交叉表查询

交叉表查询实际上是一种特殊的聚合查询，常用于数据的分类汇总、统计和分析等。它可以从两个维度显示来源于表中某个字段的合计值、平均值等总结值。其中，一个维度列在查询数据表视图的左侧，显示为数据行，另一个维度列在查询数据表视图的上部，显示为数据列。这样的数据分布形成一个数据矩阵，使数据的分布规律、异常特点、发展变化趋势等都显得十分直观。因而，交叉表查询可以广泛应用于文字现象的文献分布、时代分布等统计领域。

运用交叉表查询向导可以快速便捷地创建交叉表查询。基本步骤如下：

1. 在"新建查询"中启动"交叉表查询向导"。首先选择需要创建的交叉表查询所基的表或查询，这里选择查询"用字记录"，进入下一步（图2-43）。

2. 从左侧可用字段列表中选择作为行标题的字段，最多可以选择三个字段。这里选择"读为字""字头"两个字段，双击字段名或选中字段后单击 **>** ，字段名

图2-43 选择查询"用字记录"

将移到选定字段列表。进入下一步（图2-44）。

图2-44 选定行标题字段

3. 选择作为列标题的字段名。这里选择"**分卷序号**"，进入下一步（图2-45）。

图2-45 选定列标题字段

4. 选择在行、列的交叉点针对哪个字段进行何种计算。有计数、第一个、最后一个、最小值和最大值五个选择。这里选择对"ID_序号"字段进行计数。进入下一步，用合适的名称保存该查询（图2-46）。

图2-46　选择数据计算的字段及函数计算方式

查询结果见表2-9。按总计字段降序排列，交叉点上显示的是各用字形式在不同时代分卷中的出现次数。

表2-9　交叉表查询结果示例

读为字	字头	总计 ID_序号	1	2	3	4
無	毋	1686	260	293	1123	10
已	巳	1661	418	509	674	60
其	丌	1511	34	1475	1	1
燧	隧	1466		1	1465	
值	直	1020	82	25	788	125
太	大	949	31	201	538	179
他	它	786	384	146	253	3

记录: |◀ ◀ 第 8 项(共 8298 ▶ ▶| ▶*　　无筛选器　搜索

五 其他描述性统计方法

1. 域聚合函数

所谓的"域"是指一个范围，也就是一个数据集。域聚合函数即用于对某个数据集的数据进行聚合统计。与聚合查询对数据进行分组分层返回多个值不同，域聚合函数是对整个域的数据进行计算，因此，只返回一个值。

以下查询中的"分组计数"按时代、文献代号进行分组计数，"全域计数"为整个"用字记录"表中的计数（图2-47、表2-10）。

图2-47 设置分组计数和全域计数条件

表2-10 全域计数结果

分 卷 序 号	文 献 代 号	分 组 记 数	全 域 计 数
1	北	869	10 261
1	放	1 044	10 261
1	里	1 761	10 261
1	龍	100	10 261
1	散	69	10 261
1	睡	3 488	10 261
1	王	74	10 261
1	嶽	2 573	10 261
1	周	283	10 261

查
询

域聚合函数有 DSum（总计值）、DAvg（平均值）、DCount（计数值）、DMin（最小值）、DMax（最大值）、DFirst（第一个）、DLast（最后一个）、DLookUp（符合查找条件的第一个值）等多种。

域聚合函数的基本语法为：域聚合函数名("［字段名］","［数据集名］","［条件表达式］")。字段名和数据集名都需要用符号"［　　］"括起来。如表达式 DCount("［ID_序号］","［用字记录］","［分卷序号］='1'")，此域聚合函数是对"用字记录"数据集中"分卷序号"字段值为"1"的所有记录的"ID_序号"字段进行计数。

2. 使用 DLookUp 函数显示字表中的前搭配字与后搭配字

DLookUp 函数用于返回查找符合条件的第一个值。在秦汉简帛数据库的"表_字"表中（表1–10），可以通过简内字序字段值进行加1或减1的计算，返回当前记录上一条记录或下一条记录的字头，这实际上就是当前记录字头的前搭配字和后搭配字。表达式如下：

前搭配：

DLookUp("［字头］","［表_字］","［新简号］='" &［新简号］& "' AND ［句子序号］=" &［句子序号］& " AND［简内字序］=" &［简内字序］–1)

后搭配：

DLookUp("［字头］","［表_字］","［新简号］='" &［新简号］& "' AND ［句子序号］=" &［句子序号］& " AND［简内字序］=" &［简内字序］+1)

该查询运行结果显示了同一句子中各个字头的前搭配字和后搭配字（表2–11）。

表2-11　前、后搭配字查询结果示例

新简号	句子序号	简内字序	字头	前搭配	后搭配	索引句
34_01_01_002	2	5	上		義	上義爲之而有以爲也。
34_01_01_002	2	6	義	上	爲	上義爲之而有以爲也。
34_01_01_002	2	7	爲	義	之	上義爲之而有以爲也。
34_01_01_002	2	8	之	爲	而	上義爲之而有以爲也。

新简号	句子序号	简内字序	字头	前搭配	后搭配	索引句
34_01_01_002	2	9	而	之	有	上義爲之而有以爲也。
34_01_01_002	2	10	有	而	以	上義爲之而有以爲也。
34_01_01_002	2	11	以	有	爲	上義爲之而有以爲也。
34_01_01_002	2	12	爲	以	也	上義爲之而有以爲也。
34_01_01_002	2	13	也	爲		上義爲之而有以爲也。

使用重复项查询，可以统计前搭配字和后搭配字的出现频率。表2-12为按降频排列的后搭配字的频率。

表2-12　后搭配字频率查询结果示例

字　头　字　段	后搭配字段	NumberOfDups
天	下	327
而	不	221
不	可	190
君	子	156
以	爲	148
人	之	133
者	也	128
可	以	123
之	所	121
一	笥	119

3. 随机抽样

在数据量太大的情况下，有时需要随机抽取一定数量的数据进行分析。使用Rnd函数可以返回随机数。Rnd函数只能处理数字字段，不能处理文本字段。

　　例如，在"说文字头表"中随机抽取20条记录（图2-48）。该查询创建一个针对字头编号"字号"的随机数字段并排序（排序不可缺），设置该字段不可见，只显示"字头""说解"两个字段，设置属性表中的上限值为20。切换到数据表视图，即可随机显示20条记录。在设计视图和数据表视图之间每次切换或者运行查询，关闭后重新打开查询，在数据表视图中进行排序、筛选等操作后，均将生成新的随机记录。

图2-48　设置随机抽取记录查询

第三节
数据重组

本节讨论如何在查询中通过字段数据的表达式计算获得相应的结果，包括数学运算、字符串处理及相应的函数。

数据表中数据类型为"计算"的字段也有计算与析取数据的功能，但是并不建议广泛使用。首先，从数据库设计的角度来说，用表存储数据，用查询分析数据是优化数据库结构的总体原则。其次，表里的"计算"数据类型字段的使用存在某些局限，如表达式计算只能针对当前表中的字段进行；某些函数不能使用，如Nz函数、Switch函数等。

表达式作为临时字段，写在查询设计窗口下方字段列表右边任意空白列的"字段"行上。表达式可以借助表达式生成器来书写（图2-12）。写完后，系统会自动命名这个临时字段为"表达式1"。如果有多个表达式临时字段，则依次命名为"表达式2""表达式3"等。这个临时字段名可以修改为更加明确的名字。

一　数学计算

以青铜器铭文为单位的表"商周金文表"包含每个器的字数、重文、合文三个字段，一般学术界在研究铭文字数时是将字数与重文、合文分开来说的，因此以上字段在数据库中需作为独立的字段保存。如果要把三者全部加起来，可以通过数学计算完成数据重组（图2-49）。

这个表达式中需要注意的是Nz函数的使用。因为许多记录中的重文、合文字段是空的，也就是值是Null。任何值与Null值相加，结果都是Null值，所以计算结果也会是空值。这种结果自然不是准确有效的数据。这时，需要首先将Null值转换为0，再进行计算。将Null转换为0，需要用Nz函数。Nz函数首先判断字段是否有Null值，如果有，就先转换为0，再进行计算，这样计算结果就不会出现空值。

图2-49　铭文字数查询的数学计算

表2-13是秦汉简帛中词的用字形式及其使用频率的统计数据。

表2-13　使用频率统计数据查询结果示例

词	用字组数	频率合计	最高频率	最低频率	平均频率
動	12	57	16	1	4.75
静	10	21	4	1	2.1
資	9	37	20	1	4.11
呼	9	65	15	1	7.22
逾	9	41	20	1	4.56
正	9	30	17	1	3.33

最后一列"平均频率"是通过数学计算得出的临时字段。计算平均频率的表达式为：Round([总频率]/[用字形式数],2)。Round函数用来指定运算结果中小数四舍五入的位数。这里的参数"2"即表示数字将被四舍五入到2位小数。

数学计算需要用到运算符号。VBA常用运算符号见表2-14。

表2-14　常用运算符号表

运算符号	数学运算	说　　明
+	加法	加法运算
−	减法	减法运算
*	乘法	乘法运算
/	除法	除法运算
Mod	取模（余数）除法	取余数运算。小数四舍五入为整数后再运算。

二　字符串处理

1. 数据析取

通过查询表达式可以从字段中析取所需数据，例如，"说文字头表"中"说解"字段的声符、引书，徐铉反切的上下字等。原始数据表的呈现形式见表2–15。

表2–15　《说文解字》字头说解表示例

字头	说　　解	徐铉反切
禮	履也。所以事神致福也。从示从豊，豊亦聲。	靈啓切
禧	禮吉也。从示喜聲。	許其切
禛	以真受福也。从示真聲。	側鄰切
祥	福也。从示羊聲。一云善。	似羊切
禔	安福也。从示是聲。《易》曰："禔既平。"	市支切
神	天神，引出萬物者也。从示申。	食鄰切
祇	地祇，提出萬物者也。从示氏聲。	巨支切
祕	神也。从示必聲。	兵媚切
齋	戒，潔也。从示，齊省聲。	側皆切
禋	潔祀也。一曰精意以享爲禋。从示垔聲。	於真切
祭	祭祀也。从示，以手持肉。	子例切
祀	祭無已也。从示巳聲。	詳里切
祡	燒祡燓燎以祭天神。从示此聲。《虞書》曰："至于岱宗，祡。"	仕皆切
禷	以事類祭天神。从示類聲。	力遂切
祪	祔、祪，祖也。从示危聲。	過委切
祔	後死者合食於先祖。从示付聲。	符遇切
祖	始廟也。从示且聲。	則古切

析取反切上字，可以用表达式：Left(［徐铉反切］,1)。Left 函数用于析取字符串左边开始的一定数量的字符串，需要2个参数，其语法为：

返回值=Left(源字符串,需返回字符数量)

析取反切下字,可以使用函数嵌套:Left(Right(［徐铉反切］,2),1)。先用Right函数析取右边2个字符,再用Left函数析取左边第一个字符。Right函数与Left函数功能类似,只不过是从字符串的右边开始析取一定数量的字符串,其语法为:

返回值=Right(源字符串,需返回字符数量)

析取反切下字也可以使用表达式:Mid(［徐铉反切］,2,1)。Mid函数用于析取字符串中间某个位置开始的一定数量的字符串,共需3个参数,其语法为:

返回值=Mid(源字符串,返回字符起始位置,需返回字符数量)

第三个参数可以省略,如省略,则析取到最后一个字符为止。这里析取反切下字,故第三个参数为1。

根据"说解"字段中的书名号"《　》"标记,可以用Mid函数析取出引用的书名。Mid函数的第二个参数,即返回字符的起始位置,是左书名号的位置,可以用Instr函数返回。Instr函数用于在一个字符串内查找另一个字符串中最先出现的位置。如果找到,则函数返回值为查找字符串在源字符串中的位置,如果找不到,则返回值为0。其语法为:

位置=Instr(查找开始位置,源字符串,需查找字符串)

Mid函数的第三个参数为右书名号的位置减去左书名号的位置,再加1。具体表达式如下:

左书名号位置:

InStr(1,［说解］,"《")

引书名:

Mid(［说解］,InStr(1,［说解］,"《"),InStr(1,［说解］,"》")–InStr(1,［说解］,"《")+1)

查询返回的记录结果如表2–16。

表2-16　析取引书名查询结果示例

字头	说　解	左书名号位置	引书名
壿	舞也。从士尊聲。《詩》曰："壿壿舞我。"	9	《詩》
屯	難也。象艸木之初生。屯然而難。从屮貫一。一，地也。尾曲。《易》曰："屯，剛柔始交而難生。"	29	《易》
荵	菜，類蒿。从艸近聲。《周禮》有"荵菹"。	11	《周禮》

需要注意的是，"说解"字段需要增加条件表达式：Like "*《*"，以保证记录中有书名号，否则析取结果字段会出现错误提示"#函数!"。当然，也可以在表达式中直接用Iif函数执行简单的条件判断操作，即判断有无书名号，再分别处理。表达式如下：

$$Iif(InStr(1,［说解］,"《")<>0,Mid(［说解］,InStr(1,［说解］,"《"),InStr(1,［说解］,"》")-InStr(1,［说解］,"《")+1),"")$$

Iif函数有三个参数，第一个参数是条件表达式，这里是InStr(1,［说解］,"《")<>0，即找到左书名号。第二个参数是条件表达式的结果为真时，所执行的查询操作，即析取书名。第三个参数是条件表达式的结果为假时，所执行的操作，即直接返回空字符串。

在一个字符串内查找另一个字符串时，还有一个InstrRev函数，其查找方向相反，是从右到左查找字符串出现的位置。语法也与Instr有所不同：

位置=InstrRev(源字符串,需查找字符串,查找开始位置)

查找开始位置可以省略，省略时从右侧第一个字符（即字符串的末尾）开始查找。但是函数InstrRev返回的字符串位置还是从左侧开始计算，因此如果所查找的字符串在源字符串中不重复出现，则返回的结果与Instr函数相同。如果有重复，则返回的是右侧开始的第一个字符串。例如，王作王母鬲铭文："王乍（作）王母暜宫隟（尊）鬲。"其中有两个"王"字。使用表达式InStr(1,［释文］,"王")，返回的是第一个"王"字的位置1；使用表达式InStrRev(［释文］,"王")，返回的是第二个

"王"字的位置6。需要说明的是，确定字符位置时，除了常见的汉字字符、英文字母、数字、符号外，标点符号、空格符也占用字符位置。

由于InstrRev函数查找开始位置是从右侧末尾开始计算，如果不省略查找开始位置，并且从右侧第一个字符开始查找，就需要先知道源字符串的长度。确定字符串长度，可以使用Len函数。语法为：

$$字符串长度＝Len(字符串)$$

2. 字段合并

通过查询表达式也可以将几个字段的内容进行连接合并。例如，研究文献目录表将作者、题名、刊名、刊发时间、出版社等内容分列字段（表2-17）。

表2-17　研究文献目录表分列字段示例

作者	题 名	刊名	出版时间	卷期	出版地	出版社	文献类型
裘锡圭	从马王堆一号汉墓"遣册"谈关于古隶的一些问题	考古	1974	1			期刊
银雀山汉墓竹简整理小组	银雀山汉墓竹简		2010		北京	文物出版社	专著
陈直	居延汉简研究		2009		北京	中华书局	专著
裘锡圭	中国出土简帛古籍在文献学上的重要意义	北京大学古文献研究所集刊	1999	1	北京	燕山出版社	辑刊

在进行学术研究时，对一般的参考文献目录需要根据文献的不同类型，以不同的格式呈现这些字段的内容。虽然可以根据文献类型条件构建几个查询来完成这个要求，但是利用Switch函数，将文献类型作为条件表达式，在同一个查询中用不同的格式连接字段更加便捷。Switch函数与Iif函数功能相同，当条件值比较多时，用Iif函数需要嵌套，不是很方便，也容易出错。而Switch函数逐个列举条件与处理结果，操作思路非常清晰。其语法为：

Switch(条件表达式 1, 结果 1, 条件表达式 2, 结果 2, 条件表达式 3, 结果 3)

分类连接上述参考文献各字段的表达式如下：

Switch([文献类型] ="辑刊", [作者] & " : 《" & [题名] & "》, 《" & [刊名] & "》" & "第" & [卷期] & "辑, " & [出版时间] & "年", [文献类型] ="期刊", [作者] & " : 《" & [题名] & "》, 《" & [刊名] & "》, " & [出版时间] & "年第" & [卷期] & "期", [文献类型] ="专著", [作者] & " : 《" & [题名] & "》, " & [出版地] & " : " & [出版社] & ", " & [出版时间] & "年")

该表达式根据参考文献的格式要求，以字符串连接运算符"&"连接多个字段，并且字段之间加了书名号、冒号等分隔符号。如果格式有了不同的要求，只要修改表达式即可，数据的输出十分方便。这里为了看起来更加清晰，上面的条件表达式部分加了下划线。此查询表达式运行结果见表2–18。

表2–18 合并参考文献分列字段查询结果示例

裘锡圭：《从马王堆一号汉墓 "遣册" 谈关于古隶的一些问题》，《考古》，1974年第1期
银雀山汉墓竹简整理小组：《银雀山汉墓竹简》，北京：文物出版社，2010年
陈直：《居延汉简研究》，北京：中华书局，2009年
裘锡圭：《中国出土简帛古籍在文献学上的重要意义》，《北京大学古文献研究所集刊》第1辑，1999年

第四节
数据修改

前面介绍的查询主要通过制定规则来检索所需要的数据，或是通过计算来分析数据，或是通过计算提取、合成所需要的数据。这些查询本身的运行，不会修改原始表中的数据。但是很多时候，研究者需要对查询的结果进行批量编辑、删除、固定等操作。这些操作可以通过操作查询进行。

操作查询的类型包括生成表查询、追加查询、更新查询和删除查询，可以提高数据更新、维护的效率。通过生成表查询，可以生成一个全新的表，从而固定某一类或某个时段的数据。追加查询可以通过向一个已经存在的表中追加记录的方式，达到合并数据的目的。更新查询用于批量修改原始表中的数据。删除查询用于删除符合条件的记录。

操作查询的结果具有不可逆性，也就是说运行查询修改了原始表中的数据后不能再进行撤销，因此，运行操作查询时必须特别注意。比较稳妥的方法是先建立符合操作查询条件要求的选择查询，检查数据是否符合要求，再选择相应的操作查询。同时，在运行操作之前，先切换到查询的"数据表视图"，虽然在此视图中不能直接看到操作查询的结果，但是能看到查询所影响到的具体记录。确认无误后，再单击"查询设计"功能区的 运行 命令运行该查询。在用户单击了运行按钮后，Access数据库也会弹出相应的警告对话框，待用户确认后再运行数据修改。

在数据库的查询对象窗口中，为了与选择查询相区别，操作查询前用不同图标进行了相应标记。见表2-19。

表2-19　操作查询类型的标记及功能

查 询 类 型	对 象 标 记	功　　能
生成表查询		创建生成新的数据表
追加查询		追加数据到目标表的末尾
更新查询		修改更新原数据记录
删除查询		删除满足条件的数据记录

一　生成表查询

　　Access数据库中查询结果的数据是不稳定的，会随着原始表的数据改动而变化。而通过聚合查询、重复项查询、交叉表查询等获得的统计分析结果也不方便进一步地编辑加工。因此，通过生成表查询生成独立于源数据的新数据表，以便保存检索与统计分析的结果是很常用的方法。

　　通过生成表查询生成的符合使用需求的新表，具有多种用途。例如：（1）将集中的不同部分数据导出到其他Access数据库，以供不同的对象使用。（2）保存某一阶段的动态数据操作、维护结果。（3）作为窗体或报表的数据源，如果数据相对比较稳定，不需要随时修改，使用生成新表比直接使用查询具有更快的速度。

　　创建生成表查询时，可以先新建一个符合生成表结果需求的普通选择查询，检查结果数据无误后，单击"查询设计"功能区的，弹出生成表对话框（图2-50）。

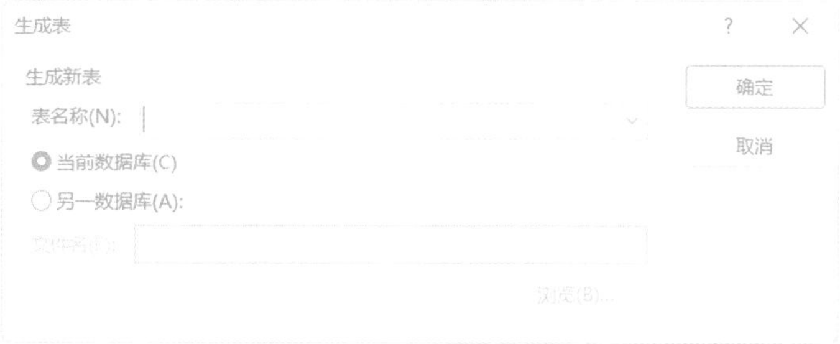

图2-50　"生成表"对话框

在对话框中输入需要生成的新表的名称，单击 _{运行} 运行该查询。Access将弹出警告提示框。单击"是"即可生成新表（图2-51）。

图2-51　运行生成表查询时的提示框

生成表查询可以添加源数据表没有的字段，例如，为了保存当前日期的数据结果，可以在查询设计网格的空白字段中增加当前日期函数date()。新生成的表中即会增加一个显示当前日期的字段。

在Access数据库实际操作中，创建的交叉表查询中的数据无法进一步编辑，只有使用生成表查询生成一个新的表才能操作。这时，需要将已经创建的交叉表查询作为生成表查询的数据源，如"用字记录_交叉表"，在查询设计中添加该查询及相应的字段后改成生成表并运行即可（图2-52）。

图2-52　添加交叉表数据源生成表

二　追加查询

追加查询用于将一个或多个表中的记录添加到另一个或多个表的末尾，常用于合并数据集。创建追加查询，可以先创建一个选择查询，添加需要追加的数据源表或查询，确定需要追加的字段以及条件，点击"查询设计"中的 ，在追加对话框中选择追加的目标表（图2-53）。

图2-53 "追加"对话框

选择了目标表后，查询设计网格中将出现"追加到"行。每一个需要追加的源数据字段都需要在这一行中与目标表的字段进行匹配。如果两表的字段名相同，Access会自动在"追加到"行中匹配相应字段。如果字段名不同，则可以在"追加到"行相应字段的下拉列表中选择匹配字段。还可以用表达式对源数据字段进行计算后再追加到相应字段（图2-54）。作为条件不需要追加的字段，只要删除"追加到"行的字段名即可。

图2-54 表达式计算的追加查询设计视图

字段匹配完成后，最好切换到数据表视图检查需要追加的数据是否正确，确认后单击运行该查询。Access会出现警告对话框，点击"是"确认后查询才被执行（图2-55）。

图2-55　运行追加查询的提示框

追加查询有时候会不成功。这时Access会出现警告对话框，告知不能成功追加的记录数量及原因（图2-56）。

图2-56　无法追加记录的提示框

这些追加不成功的主要原因有：（1）类型转换失败。如带有字母、汉字等字符的文本类型字段追加到数字类型字段。（2）键值冲突。主键字段或者设置为无重复索引的字段中，追加的记录出现重复值。（3）锁定冲突。目标表处于设计视图打开状态，导致记录锁定。（4）验证规则冲突。例如，没有在目标表中"必需"属性设置为"是"的字段追加数据；没有在目标表中"允许空字符串"属性设置为"否"的字段追加数据；追加的数据违反了目标表中相应字段设置的验证规则等。

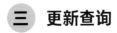　**更新查询**

更新查询可以用来修改一个或多个表中所有符合查询条件的记录。有些数据的

修改可以用查找替换的方式进行手动更新，但是许多情况下查找替换方式无法执行或者执行起来很不方便。例如，要将某个字符替换为回车键；数据量大时，执行速度慢；修改更新不能一次性完成，如复制粘贴时不能一次复制太多记录（图2-57）。

图2-57　无法复制大量记录的提示框

更新查询的创建也可以先新建选择查询，添加条件筛选出需要更新的记录。单击"查询设计"功能区的 ，查询设计网格中将出现"更新为"行。在这一行的需修改字段下填入更新表达式。点击 运行该查询。Access将弹出警告消息框。单击"是"即可更新数据（图2-58）。

图2-58　运行更新查询提示框

更新表达式可以是一个固定的数据值，更多的时候是函数表达式。例如：

将"索引句"字段中的句号替换成回车键，表达式为：Replace(［索引句］，"。",Chr(13) & Chr(10))。

在"简号"字段记录前补加上字符"简_"，表达式为："简_" &［简号］。

在文本类型字段ID的数字前（如1、2、3）统一加上0，使之成为4位数字的等长字符串，如0001、0002、0003，表达式为：Right("000" &［ID］,4)。

"ID_序号"字段的值为这样的一组文本：01_01_001_008_0，要将下划线分隔开的第4组数字增加1，表达式为：Left(［ID_序号］,10) & Right("00" & CInt(Mid(［ID_序号］,11,3)+1),3) & Mid(［ID_序号］,14)。此表达式将文本拆分成第4组数字（008）及前文本（01_01_001_）、后文本（_0）三个部分。先用CInt函数将第4组数字（008）转换数字类型后进行加1的数学运算，完成后再加上前导的"0"，使它重新成为等长的文本类型数字，最后合并成一个新字符串。这组文本的运算结果为：01_01_001_009_0。

四 删除查询

删除查询用于删除符合条件准则的所有记录。创建删除查询也可以先新建选择查询，添加条件，筛选出需要删除的记录。鉴于操作查询的不可逆性，需要仔细检查需要删除的记录是否无误。如果没有把握，可以先备份源数据表，或用生成表查询将需要删除的记录生成表进行备份。

确认后单击"查询设计"功能区的 ，将选择查询改为删除查询。这时，查询设计网格将出现"删除"行。该行有两个值：Where和From。具体的单个字段下只能选择Where，"条件"行可以输入条件表达式。表示所有字段的"*"字段下只能选择From，表示删除该表的所有字段。

第五节

数据纠错

　　在Access数据库的数据加工过程中，出现各种各样的错误是很常见的。数据记录加工越细致，越容易出错。查询是发现数据错误的重要手段。本节通过教学研究过程中的几个实例，具体说明如何通过查询发现数据问题。

一　数据错误举例

　　Access数据错误的类型主要有数据重复、数据遗漏、数据不一致和数据错位等，造成错误的原因也多种多样。例如：

1. 数据重复

　　字性质字段的标记"讹字"繁简并见，导致断代频率表出现字头重复的记录（表2-20）。

表2-20　数据重复示例

字头	读法	总计	秦	西汉早期	西汉中晚期	东汉	字性质
日	白	1	1				讹字
日	白	2	1	1			訛字
日	百	1	1				訛字
日	澳	1		1			

2. 数据遗漏

　　数据录入时因疏忽导致的遗漏很常见。一对多关系的数据表中，"多"端表的关联字段漏填会在多表关联的查询中造成数据遗漏。查询中，不合适的条件也会排除本来已经存在，而且不应该被排除的记录，造成数据遗漏。例如，数字字段的条件为 ">0" 时，该字段是空（Null）的记录也会被排除。

3. 数据不一致

数据不统一也是很常见的问题。上面的 "讹字" 即是繁简字形不一致的情况。文字学数据库需要特别注意字形，现有字库及输入法侧重字形的完备性，较少考虑字形之间的系统性。因此，在满足字形需要的同时，也容易导致输入时出错。例如：形体相近的字，如榖—穀；形体相近的异体字形，如鴈—雁；新旧字形，如为—爲、說—说等。这些字形数据在录入时很容易造成不一致。

4. 数据错位

数据错位的情况在多记录复制粘贴时很容易发生，多是单元格区域选择未完全匹配导致的。

二 利用查询检查数据错误

数据库建设是一个不断防止错误、发现错误、纠正错误的过程。有时时过境迁，很难追溯问题产生的原因，需要在数据库技术层面，寻找一些解决之道。

例如，《秦汉简帛文献断代用字谱》以断代分卷，共分秦、西汉早期、西汉中晚期、东汉四卷。[①] 为了保持四卷之间的一致性，在前期的用字审核阶段，四个断代分卷的数据源合并一起进行汇总和查看，避免各卷数据不一致。

使用条件查询，当表数据有改动时，也会导致结果数据的更改，而这种更改又不容易发现。可以在确认条件查询正确无误之后，增加一个字段标记这些更改的记录。

由于数据库无法保留对数据的历次修改，为了方便发现问题、还原数据等操作，可以在对某个字段进行大批量修改前进行复制备份。对于出土文献和文字学研究而言，不断更新的考释研究成果需要在数据库中追踪更新，早先的考释结果则可以用说明字段记录数据的备份说明。

在实际的 Access 数据库操作中，使用查询的方法来发现问题，则更加便捷和实用。

---

① 张再兴主编：《秦汉简帛文献断代用字谱》（全四册），上海辞书出版社，2021年。

1. 通过数据排序发现问题

数据库中的汉字字形默认依据拼音顺序排列，因此排序后会将异体字排到一起，容易发现字形使用不一致的情况。

例如，商周金文数据库中的字单位表中，"句子序号"字段用来标记句子顺序。降序排列后，表 2-21 所示的数字出现异常。其实是在数据库的修改过程中不小心在数字"34"前多加了一个"3"造成的（表 2-22）。

表 2-21　数据排序异常示例

句 子 序 号	字 形
334	夅（前）
42	子
42	子
42	孙
42	孙

表 2-22　多列排序检查数据错误

字 序	句 子 序 号	字 形
229	34	用
230	34	亯（享）
231	34	孝
232	34	于
233	334	夅（前）
234	34	文
235	34	人

2. 通过唯一值查询发现问题

文字学研究中多种来源的学术加工数据往往存在不统一的情况。例如，包括封泥、玺印、货币、青铜器、铜镜、漆器、陶器、瓦当、砖石等多种实物文字材料在内的秦汉文字，各种材料的断代标记很不一致。通过唯一值查询，可以看到不一致的数据标记，如"秦"与"秦代"（图 2-59）。

公元前58年
公元前59年
公元前5年
公元前64年
公元前65年
公元前67年
公元前84年
公元前8年
漢
秦
秦代（前221年至前206年）
秦始皇二十六年（前221年）
秦始皇二十六年（前221年）至三十七年（前210年）
秦始皇二十六年至三十七年（前221年`前210年）
西漢
西漢初期
西漢早期
西漢早中

图2-59　唯一值异常示例1

数据录入的错误也可以通过唯一值查询反映出来。例如，两条《中国历代货币大系2》的记录，前一条末尾多了一个空格（图2-60）。

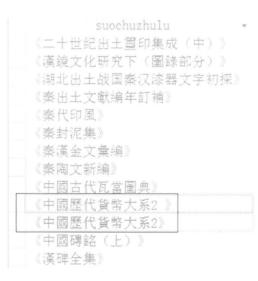

suochuzhulu
《二十世纪出土璽印集成（中）》
《漢鏡文化研究下（圖錄部分）》
《湖北出土戰國秦漢漆器文字初探》
《秦出土文獻編年訂補》
《秦代印風》
《秦封泥集》
《秦漢金文彙編》
《秦陶文新編》
《中國古代瓦當圖典》
《中國歷代貨幣大系2 》
《中國歷代貨幣大系2》
《中國磚銘（上）》
《漢碑全集》

图2-60　唯一值异常示例2

3. 通过重复项查询发现问题

例如，为方便根据《说文解字》的顺序进行排序，在标注《说文解字》字头ID

号时，实际上很容易出现序号数字录入错误的问题。这时会出现如表2-23所示的
《说文解字》两个字头的序号相同的情况。"箕""其"是《说文解字》重文，序号
相同没问题。而"丌"则是另一个字，序号不应相同。

表2-23　重复值异常示例

字头_汉字区	说文ID
丌	3003
箕	3003
其	3003

通过图2-61所示的查询，即可检查、发现这类《说文解字》字头不同，但序号
相同的数据错误问题。

图2-61　重复项查询检查数据错误

4. 通过不匹配项查询发现问题

由于多表查询表之间的关联及复杂的条件，操作、管理数据时比较容易遗漏记
录。可以使用不匹配项查询检查原始表是否存在多表查询未出现的记录。

在编纂《秦汉简帛文献断代用字谱》时，用字数据中排除了残缺一半构件的用
字形式，如"杔（竿）"。但在辞例表中统计辞例数量时遗漏了排除残字的条件，导
致《前言》说明用字记录数时，数据的数量统计有误：西汉早期多了37条记录，西
汉中晚期多了5条记录。使用不匹配项查询之后，发现并更新了这些多余统计的
记录。

第六节

SQL基础

前面讨论查询的设计时，数据库的操作都是在可视化的设计窗口QBE中进行的。QBE允许不通过输入代码来构建查询，极大地方便了查询的创建。但是在数据库编程语言中，无法使用QBE构造查询。这时就要用到SQL语言来构建查询。

在查询的视图形式中，除了设计视图和数据表视图外，还有一种SQL视图（图2-7）。打开SQL视图，可以发现几行代码。例如：

> SELECT 说文字头表.字号,说文字头表.部首,说文字头表.字头,说文字头表.说解
> FROM 说文字头表
> WHERE (((说文字头表.部首)="艸"));

这几行代码就是Access自动创建的与查询对应的SQL语句。SQL语句与QBE中的查询设计是完全同步的。使用SQL语言可以不通过QBE构造查询，其功能比QBE更为强大。例如，联合查询只能通过SQL进行。

SQL是Structured Query Language（结构化查询语言）的简称。它是一种可对数据库进行定义、查询和操作的计算机语言，是在关系数据库中存储、检索和修改数据的使用最广泛的方法。与其他编程语言不同，SQL是面向结果的语言，而不是面向过程。只要告诉数据库想要"做什么"，而不必关注"怎么做"。因此，SQL语法结构比较简单。

上面的几行SQL语句实际上由SELECT子句、FROM子句以及WHERE子句三个部分组成，这些是SQL语言的主体。下面对SQL语法的主要结构作简单介绍。

一 基本SQL语法

1. SELECT子句

SELECT子句指定需要从数据源表中检索出来的字段，各个字段名之间要用半角的逗号 "," 隔开。例如：

SELECT 器名,时代,释文

如果需要检索出数据源表的所有字段，可以使用 *：

SELECT *

2. FROM子句

FROM子句指定用来查询记录的数据源表或查询。将SELECT子句和FROM子句语句组合，例如：

SELECT 器名,时代,释文
FROM 商周金文表

3. WHERE子句

WHERE 子句用来规定查询的筛选条件，后面通常跟条件表达式。条件表达式中的相关运算符与查询条件准则相同。例如：

SELECT 器名,时代
FROM 商周金文表
WHERE 时代 = "西周"

可以使用AND连接两个条件。例如：

SELECT 器名,时代

FROM 商周金文表

WHERE 时代 ="西周" AND 器名 Like "*簋"

这个WHERE子句返回时代为"西周"，并且器名的最后一个字是"簋"的记录。

SELECT *

FROM qry引得

WHERE 引得 like "*國*" AND 引得 Not Like "*邦國*"

此例从"qry引得"中检索"引得"字段，返回包含"國"但不包含"邦國"的记录。

可以使用OR连接两个条件。例如：

SELECT 器名,时代

FROM 商周金文表

WHERE 时代 ="西周" OR 时代 ="殷"

这个WHERE子句返回时代为"西周"或"殷"的记录。

WHERE子句还可以由多个AND、OR条件组成。例如：

SELECT 字头,说解,部首

FROM 说文字头表

WHERE 说解 Like "*从*聲*" AND 说解 Not Like "*从*省聲*" AND 部首 ="艸"

此WHERE子句由三个条件构成，返回"艸"部的形聲字，但排除省声。

WHERE子句中的查询准则还可以是变量。例如：

SELECT 字头,说解

FROM 说文字头表

WHERE说解 Like［字头］& "?也。*"

此WHERE子句中的通配符问号"?"代表任意一个字符,结果返回"说文字头表"中"说解"字段的第一个字等于"字头"字段的值,而且是用两个字释义的记录。如:"委,委随也。"

4. ORDER BY子句

ORDER BY子句决定返回记录的排序。这是一个可选子句。ORDER BY子句可以包含多个字段,每个字段名之间也要用半角的逗号","隔开。系统按照子句中字段名的先后顺序依次排序,默认的排序方式为升序。如要用降序,须在字段名后加DESC保留字。例如:

SELECT *

FROM 商周金文表

ORDER BY时代,器类名称

这一子句将记录先按时代排序,时代相同的记录再按照器类名称排序。

5. AS子句创建别名

在SELECT子句中的字段名和FROM子句中的数据源表名,均可以用AS子句指定别名。

字段别名的指定通常为了方便识读。例如,通过计算表达式生成的临时字段:

SELECT 书名ID,［出版社］& ","&［出版日期］AS 出版信息

FROM 参考文献表

此语句从"参考文献表"中检索"书名ID"字段,同时将"出版社"和"出版日期"这两个字段用逗号连接在一起,以"出版信息"作为这个计算表达式生成的临时字段的别名。

指定表名的别名通常是为了区别一个表的多个实例。例如，前面举到的递训例子中，重复多次添加的查询"单字训"依次以"单字训_1""单字训_2"……作为别名。

6. DISTINCT、DISTINCTROW谓词

谓词DISTINCT用于检索选定字段的唯一值，位于SELECT子句的字段名前。如果检索结果中只包含一个字段，那么这个字段没有重复值。如果有多个字段，那么包含的字段组合中没有重复值。在QBE属性表中设置"唯一值"属性为"是"时，SQL语句中即会增加DISTINCT谓词。

谓词DISTINTROW的使用与DISTINCT相同，均用于检索唯一的记录，也就是说，它省略基于整个记录所有字段的重复数据，而不只是基于查询中所显示的字段的重复数据。谓词DISTINTROW也可以通过QBE属性表中设置"唯一的记录"属性为"是"来添加。

7. ALL、TOP谓词

这两个谓词用于指定用SQL查询选取的返回记录的数量。在SQL语句中，它们也位于SELECT子句的字段名之前。

ALL谓词表示在查询结果中包含所有符合WHERE子句的记录。它是默认值，在SQL语句中可以省略。

TOP谓词用于限定返回记录的数量。TOP谓词返回的记录数量有指定的具体数值和PERCENT两种类型。例如，SELECT TOP 10表示返回前10条记录，SELECT TOP 10 PERCENT表示返回前10%的记录。一般情况下，TOP谓词需和ORDER BY子句配套使用，ORDER BY子句对返回的数据进行排序。TOP谓词与QBE属性表中的上限值属性相同。

TOP谓词不在指定条件字段的相同值间作选择。如果指定了特定数目的记录需要返回，则所有与最后一条记录中的值相等的记录都将返回。因此，返回的实际记录数量可能超过指定的记录数。

8. HAVING子句

HAVING子句用于对某个字段的记录指定搜索条件，进行分组计算之后执行WHERE条件。

SELECT First(字表_金关.字头) AS 字头之First, Count(字表_金关.字头) AS 字频

FROM 字表_金关

GROUP BY 字表_金关.字头

HAVING (((Count(字表_金关.字头))>=1000))

ORDER BY Count(字表_金关.字头) DESC

该语句对"字表_金关"中的"字头"进行计数，命名计数结果字段别名为"字频"，对计数结果字段排降序后，筛选出字频大于等于1 000的记录。

9. JOIN子句

当以多个表为基础建立一个SELECT语句时，必须使用JOIN子句联接多个表，联接字段跟在ON之后。与前面多表查询中的查询联接方式相同，JOIN子句的联接也有INNER JOIN（内联接）、LEFT JOIN（左联接）和RIGHT JOIN（右联接）等不同方式。

（1）INNER JOIN

内联接，用于返回两个表的联接字段相等的记录。

例如：

SELECT 字频表_居延旧简.*,字频表_居延新简.*

FROM 字频表_居延旧简 INNER JOIN 字频表_居延新简 ON 字频表_居延旧简.字头 = 字频表_居延新简.字头

查询结果返回"字频表_居延旧简"和"字频表_居延新简"两表共见的记录。ON后面指定了两个表连接的字段为"字头"。

（2）LEFT JOIN

左联接，用于返回左表的所有记录和右表中联接字段相等的记录。

例如：

SELECT 字频表_居延旧简.*,字频表_居延新简.*

FROM 字频表_居延旧简 LEFT JOIN 字频表_居延新简 ON 字频表_居延旧简.字头 = 字频表_居延新简.字头

查询结果返回"字频表_居延旧简"表的所有记录以及"字频表_居延新简"中"字头"字段相匹配记录的值。

（3）RIGHT JOIN

右联接，用于返回右表的所有记录和左表中联接字段相等的记录。

例如：

SELECT 字频表_居延旧简 .*, 字频表_居延新简 .*

FROM 字频表_居延旧简 RIGHT JOIN 字频表_居延新简 ON 字频表_居延旧简 . 字头 = 字频表_居延新简 . 字头

查询结果返回"字频表_居延新简"表的所有记录以及"字频表_居延旧简"中"字头"字段相匹配记录的值。

二　子查询

子查询实际上就是在查询中嵌套了另一个查询。许多情况下，子查询可以通过创建多个查询来实现，只不过这样一来数据库中的查询会很多。子查询的构建需要用到 SQL 语句，所以放到此节讨论。

《说文解字》数据库中包含两张表："说文字头表"是字头的记录，"说文字形表"是正篆字形及各种重文的记录，重文标记了形体类型。如果要检索包含有古文字形的字头记录，需要以"说文字形表"中的"字形类别"字段作为条件，这时可以通过关联两张表建立一个查询（图 2-62）。

由于两张表是一对多的关系，如果字头有多个重文，所显示的"说文字头表"的记录就会重复。如"旁"字收有 2 个古文，这个字头记录就会显示为 2 条记录。

图 2-62　建立两表"字形类别"字段关联

这时需要在查询属性表中将唯一的记录属性改为"是"，才能将重复的记录排除。

如果使用子查询，就可以直接显示不重复的记录。作为条件的子查询SQL语句要写在圆括号内，前面使用In运算符。或者，根据需要也可以使用>、<等运算符（图2-63）。

图2-63　设置子查询条件的SQL语句

在使用聚合查询进行统计时，未设置"唯一的记录"属性的统计结果会有错误，而且不容易发现。例如，要统计各部首中有古文字形的字头数量，图2-64、图2-65所示两种方法的结果不一致。

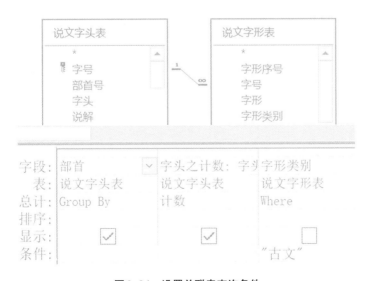

图2-64　设置关联表查询条件

图 2-65　设置子查询语句

　　前一种通过关联表的方法获得的统计数字由于有重复的记录，数据是错误的。例如，"心"部、"糸"部使用子查询的结果都是11条记录，而关联表查询方法都有12条记录，因为"心"部的"患"字、"糸"部的"彝"字都收有两个古文字形。为了获得正确的结果，需要先建一个选择查询，排除重复记录后，再进行聚合查询。显然，使用子查询会更加便捷一些。

三　使用UNION运算符创建联合查询合并数据集

　　联合查询可以将几个查询的结果合并到一个查询结果中。例如，秦汉简帛中"按"的各种用字形式的使用频率与其总和这两个查询的数据（图2-66）。

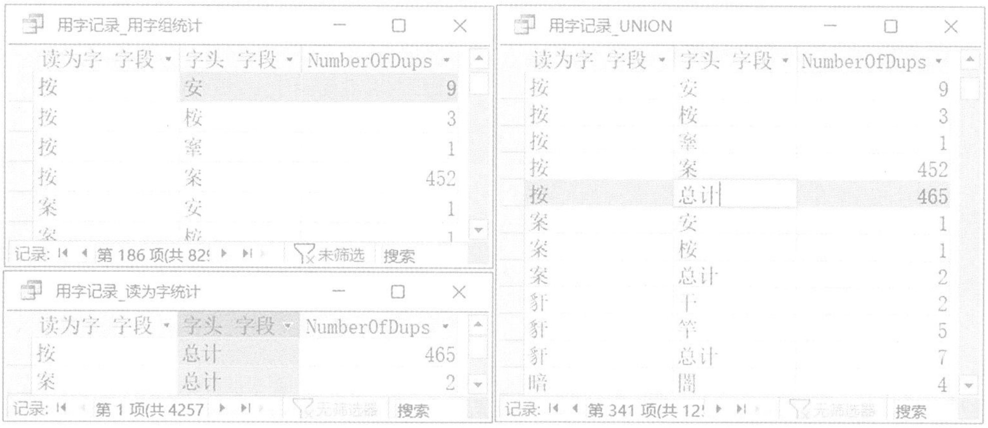

图 2-66　联合查询结果示例

　　联合查询不能通过QBE创建，只能在SQL视图中创建。点击"查询设计"功能区的联合查询图标 ⊘ 联合 ，直接进入SQL视图。在此视图中输入以下SQL语句，即可完成联合查询。

> SELECT［读为字 字段］,［字头 字段］,NumberOfDups
> FROM 用字记录_用字组统计
> UNION
> SELECT［读为字 字段］,［字头 字段］,NumberOfDups
> FROM 用字记录_读为字统计

第三章
文字学数据库应用程序界面
——窗体

在数据库的建设过程中，窗体提供了查阅和编辑处理数据的灵活方式。与表和查询中以"行"为记录单位的表格显示形式相比，窗体有一些独特的优势。例如，一个表的字段过多时，需要左右移动水平滚动条显示屏幕外的字段。而窗体以"记录"为单位，在整个屏幕的二维平面中显示数据，该记录单位的所有字段一目了然。在窗体中，可以根据字段之间的逻辑关系进行必要的组织分布，以彰显数据之间的内在联系。同时，窗体可以锁定某些字段，防止在数据录入时误操作。以图片形式独立存储的古文字材料拓片、古文字字形图片等，需要在窗体中才能关联显示。此外，实现比较复杂的自动化功能的VBA代码大多也存储在窗体中。

面向普通用户的独立Access应用程序中，窗体更加不可缺少。普通用户对数据库内部的表和查询中的数据结构以及数据筛选、查询设计等操作并不一定了解，因此为了保护数据库不被误操作破坏，一般不会让普通用户直接访问表或查询，开放给用户的界面主要就是窗体。用户通过窗体提供的功能进行数据检索和分析，并利用窗体进行应用程序各个部分之间的导航。

第一节

窗体的类型、视图与结构

一　窗体的类型

从功能的角度看，根据是否以显示表或查询中的数据为目的，窗体可以分为两种基本类型。

1. 显示表或查询数据的数据显示窗体

这是数据库中最为常见的窗体类型。例如，基于"商周金文表"建立的窗体，显示商周有铭青铜器的相关属性，可以用于青铜器数据的输入、查看或修改（图3-1）。在这个窗体中，独立存储的青铜器拓片、拓片的多种著录文献目录和考释研究文献目录均可同时显示。

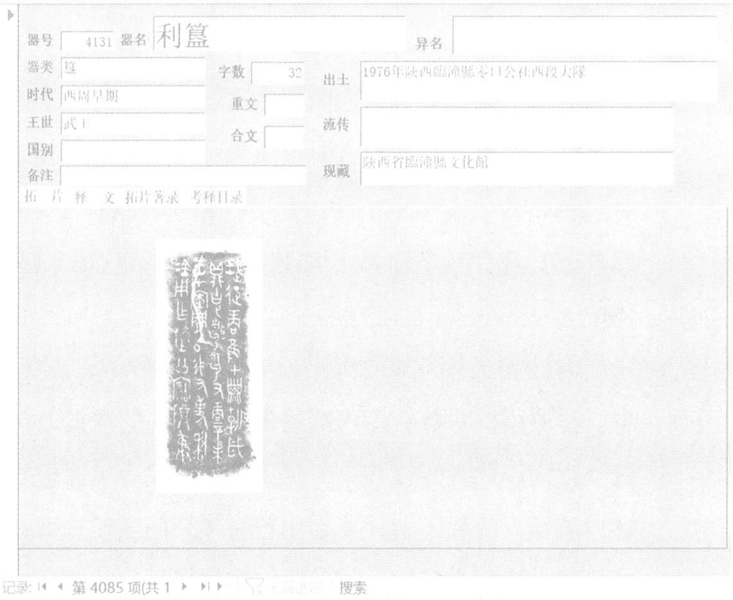

图3-1　"商周金文表"窗体示例

数据显示窗体本身不保存数据，所显示的数据均源自表或查询。因此，在基于表或查询的窗体中修改数据，其修改结果会同步保存到所基的原始表或查询中。在窗体本身设计过程中，添加或删除字段只是影响数据的显示，并不会影响原始表或查询的结构。

数据显示窗体除了一次显示一条记录的单个窗体之外，还有一次显示多条记录的连续窗体。这种窗体与数据表比较相似，但具备只有窗体才能实现的一些功能（图3–2）。

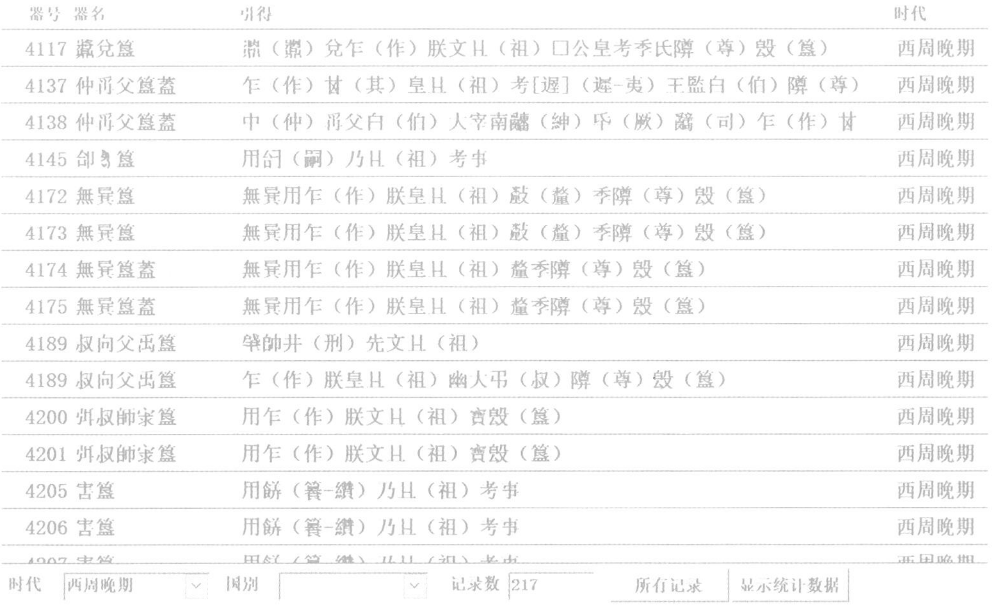

器号	器名	引得	时代
4117	𬯒兑簋	𬯒（𬯒）兑乍（作）朕文且（祖）囗公皇考季氏隣（尊）毁（簋）	西周晚期
4137	仲爯父簋蓋	乍（作）甘（其）皇且（祖）考[遟]（遟-夷）王監白（伯）隣（尊）	西周晚期
4138	仲爯父簋蓋	中（仲）爯父白（伯）大宰南𬙊（紳）氒（厥）𤔲（司）乍（作）甘	西周晚期
4145	郘𬈗簋	用𤔲（嗣）乃且（祖）考事	西周晚期
4172	無㠱簋	無㠱用乍（作）朕皇且（祖）𣪕（𥂴）季隣（尊）毁（簋）	西周晚期
4173	無㠱簋	無㠱用乍（作）朕皇且（祖）𣪕（𥂴）季隣（尊）毁（簋）	西周晚期
4174	無㠱簋蓋	無㠱用乍（作）朕皇且（祖）𥂴季隣（尊）毁（簋）	西周晚期
4175	無㠱簋蓋	無㠱用乍（作）朕皇且（祖）𥂴季隣（尊）毁（簋）	西周晚期
4189	叔向父禹簋	𬀷帥井（刑）先文且（祖）	西周晚期
4189	叔向父禹簋	乍（作）朕皇且（祖）幽大弔（叔）隣（尊）毁（簋）	西周晚期
4200	弭叔師𡨦簋	用乍（作）朕文且（祖）寶毁（簋）	西周晚期
4201	弭叔師𡨦簋	用乍（作）朕文且（祖）寶毁（簋）	西周晚期
4205	害簋	用餘（餥-纘）乃且（祖）考事	西周晚期
4206	害簋	用餘（餥-纘）乃且（祖）考事	西周晚期

时代 西周晚期
国别
记录数 217
所有记录
显示统计数据

图 3–2　语词检索的连续窗体

2. 与表或查询没有直接联系的窗体

这类窗体不以显示表或查询中的数据为目的，常用于数据库对象导航、信息交互、消息提示、执行代码操作等。

出于应用程序数据安全的需要，在针对用户的数据库中，表、查询等数据对象窗口往往是不可见的。因此，通过分布在导航窗体上的多个命令按钮，可以跳转到应用程序的其他窗体。例如，金文语料库中，通过导航按钮，可以分别进入主体的器铭属性窗体、金文著录窗体、金文考释窗体、语词检索窗体等界面，以及直接退出数据库应用程序（图3–3）。

通过导航进入的"语词查询"窗体是一个收集用户输入信息，并与用户对话的自定义对话窗体（图3-4）。这个窗体收集用户输入的查询条件，即需要检索的语词以及排序方式，然后将这个语词传递给预先设计好的查询或SQL语句，检索出相应的数据结果后再反馈给用户。

图 3-3 "金文语料库"导航窗体

图 3-4 "语词查询"窗体

二 窗体的视图

Access数据库中的窗体有三种视图形式：窗体视图、布局视图、设计视图。

窗体视图显示数据以供用户使用，进行浏览、编辑数据等操作，不能更改窗体设计。

布局视图在显示数据的同时，可以进行窗体设计。这种视图更加直观，便于根据实时效果精确修改窗体中的控件设计。

设计视图用于对窗体进行设计，设计时无法显示数据。

以上三种视图可以在"视图"按钮 中切换（图3-5）。除了"开始"功能区外，布局视图中的"窗体布局设计"功能区，"设计视图"中的"表单设计"功能区都有"视图"按钮。窗体右下角也有这三种视图的切换按钮。

图 3-5 窗体视图切换选项

三 窗体的结构

Access数据库中普通的窗体由页眉、主体、页脚三个节构成，三个节可以独立进行属性设置。图3-6是图3-2所示连续窗体的设计视图。视图中选中了主体节，

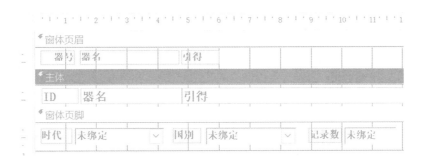

图 3-6　连续窗体的"设计视图"

标题行呈黑色。

　　主体部分用来显示基于表或查询的数据，这些数据是窗体的主要部分。

　　页眉和页脚可用于显示不随记录改变的信息，如图 3-2 所示语词检索结果连续窗体的页脚中包含以下内容：根据国别或时代进行进一步筛选的组合框；显示记录总数的文本框；筛选之后恢复显示所有记录的命令按钮以及显示各种汇总统计数据的命令按钮。这些内容都不跟具体的某条记录关联，因此可以放在页脚节中。

窗
体

第二节

窗体的新建

Access数据库"创建"选项卡的"窗体"功能区提供了多种新建窗体的方式，其中的"其他窗体"还提供了多个项目、数据表、分割窗体等几种特殊形式的窗体创建方式（图3-7）。

图3-7　创建窗体功能区

一 "窗体"命令

"窗体"命令提供了创建数据显示窗体最便捷的方式。在数据库左侧的导航窗格中选择窗体所基的表或查询，点击"窗体"按钮即可自动生成一个数据显示窗体。如果选择的是表，新建的窗体将显示该表的所有字段。图3-8显示的是自动生成的说文字头表窗体。如果只需显示表的某些字段，在新建窗体之后可以删除不需要的字段，也可以建立一个只包含所需字段的查询，再基于该查询建立窗体。如果该表是一对多关系中"一"端的表，而且表之间建立了参照完整性，窗体将自动添加子窗体显示"多"端的关系表数据。

图3-8　"说文字头表"自动生成窗体

二　"窗体设计"命令

"窗体设计"命令可以新建一个空白窗体，并直接以设计视图显示。这个空白窗体没有与任何表或查询建立数据联系。如果要在这个空白窗体上显示数据，可以单击"添加现有字段"按钮 ，打开"字段列表"窗口，单击"显示所有表"，再单击需要显示数据的表前面的"+"号，显示表的所有字段，双击字段名或者将字段拖到窗体中（图3-9、图3-10）。

图 3-9　"字段列表"窗口　　　　　　图 3-10　添加字段到窗体

三　"空白窗体"命令

"空白窗体"命令新建的也是空白窗体，不过以布局视图显示。添加数据显示字段的方法也与"窗体设计"相同。"空白窗体"中添加的字段或其他控件默认自动定位对齐，而"窗体设计"中则根据鼠标拖放位置定位，比较灵活。

四　"窗体向导"命令

"窗体向导"命令提供了建立一个自定义窗体的必需步骤：

1. 选择窗体需要显示的表或查询的字段（图3-11）。

图3-11　设置窗体的显示字段

　　2. 选择窗体显示数据的布局形式（图3-12）。"纵栏表"和"两端对齐"一次显示单条记录，"表格"和"数据表"一次显示多条记录。

图3-12　窗体布局对话框

3. 命名保存新建的窗体（图3-13）。

窗体向导

请为窗体指定标题：

说文字头表1

以上是向导创建窗体所需的全部信息。

请确定是要打开窗体还是要修改窗体设计：

● 打开窗体查看或输入信息(<u>O</u>)

○ 修改窗体设计(<u>M</u>)

取消　　< 上一步(<u>B</u>)　　下一步(<u>N</u>) >　　完成(<u>F</u>)

图3-13　窗体命名保存对话框

五　"导航"命令

"导航"命令创建的窗体通过选项卡集合多个窗体，以此作为构建应用程序的主窗体。用户可以通过选项卡标签在各个窗体之间进行导航，这种导航方式十分便于使用。

多窗体切换时，Access数据库提供的"文档窗口选项"中，使用"选项卡式文档"导航方式也比"重叠窗口"选项中的"切换窗口"方式更加便捷（图3-14、图3-15）。

切换窗口

B I U A

排列图标(<u>A</u>)

垂直平铺(<u>T</u>)

层叠(<u>C</u>)

水平平铺(<u>I</u>)

1 打印窗体_打印引得

√ 2 打印窗体_打印字形全表

其他窗口(<u>M</u>)...

图3-15　使用"切换窗口"菜单切换窗体

窗体1　×　窗体2　×　说文字头表　×

图3-14　使用选项卡标签导航切换窗体

导航窗体有多种选型卡标签方式。默认方式为"水平标签"。将新建的导航窗体的标签名"[新增]"改名后，Access会自动增加新的选项卡（图3-16）。

需要在选项卡中显示的窗体，可以直接从数据库左侧的导航窗格中拖曳进入，也可以通过"窗体布局设计"选项卡属性表中的"导航目标名称"选择（图3-17）。

图3-16　修改导航窗体标签名　　　图3-17　使用"导航目标名称"切换窗体

六　"其他窗体"命令（图3-18）

1. **多个项目**。"多个项目"创建的是表格式窗体，外观与数据表类似，可以同时显示多条记录。这种窗体还有一些数据表不具备的优势，例如不同字段可以设置成不同字体，这对于字体要求比较高的文字学研究来说尤其重要。

2. **数据表**。"数据表"创建的窗体其实就是一个数据表，可以对字段进行是否可用、是否锁定等属性操作，以便控制数据的编辑。

图3-18　"其他窗体"命令选项

3. **分割窗体**。"分割窗体"分上下两个部分，上部是平面窗体，下部是数据表。选择数据表中的记录，平面窗体的数据能够自动同步，方便操作。拖动上下两个部分之间的分割线，可以调整各自大小（图3-19）。

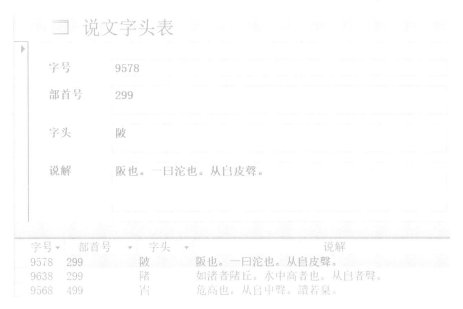

图3-19　说文字头表的分割窗体

4. 模式对话框。"模式对话框"创建的窗体用于与用户互动，拥有"确认""取消"两个按钮。用户需要关闭此窗体，才能进行下一步操作。

第三节
窗体的个性化设计

"窗体"功能区提供了丰富的新建窗体方式，但这并不能完全满足个性化的设计需求。因此，需要对窗体进行必要的修改，或者重新设计窗体。窗体的设计包括多种控件的使用、窗体及控件的属性设置、控件的美化平面布置等。

图3-20为一个文字学示例窗体，显示北京大学藏汉简《苍颉篇》3简的相关数据。主窗体以简为单位，右侧用图像控件显示该简照片，通过主窗体的"成为当前"事件属性中的事件过程动态显示当前简的照片。该图像控件的"单击"事件属性中的事件过程添加控件的HyperlinkAddress属性，单击该简照片即可打开默认的图像应用程序，查看或编辑该图像。上方中间最大的文本框显示该简释文。下方子窗体以字为单位，释文文本框右侧较小的文本框以句子为单位显示当前字所在的释文分句，分句文本框右侧用图像控件显示当前字的字形图片。

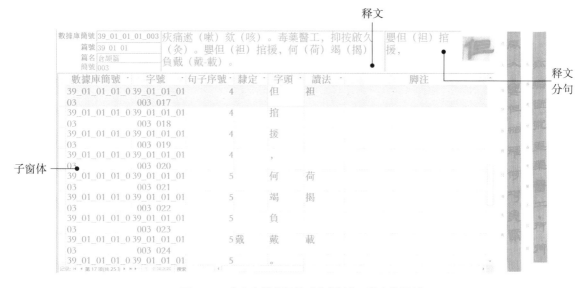

图3-20　北京大学藏汉简《苍颉篇》3简窗体示例

一 窗体设计工具

在窗体设计视图中，"表单设计"功能区的"控件"组提供了窗体中的常用控件，"添加现有字段"命令可以显示窗体所基表或查询的所有字段列表，"属性表"命令可以打开属性表，对窗体或控件进行属性设置（图3-21）。

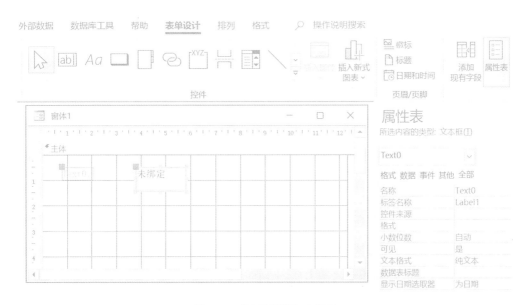

图3-21 "表单设计"功能区

1. 窗体控件。控件就是窗体上的文本框、命令按钮、标签等对象。

根据是否与数据库中的数据源有联系，控件可以分为绑定控件和非绑定控件。非绑定控件一般用来为用户显示信息或用来收集不会存储到数据库中的某些信息，如标签、直线、矩形等。绑定控件用于显示和修改存储在数据库中的信息，如跟表中的字段相联系的文本框、与关系表相关联的子窗体等。许多控件既可以作为绑定控件，又可以作为非绑定控件使用。例如，文本框，既可以作为绑定控件显示数据源的某个字段，又可以作为非绑定控件，用来输入、显示仅在窗体或VBA代码中使用的信息。

鼠标放到控件组的每个图标，会提示控件的名称等相关信息（图3-22）。在窗体设计时，要使用某个控件，只要单击该控件，并在窗体的合适位置绘制一个矩形，窗体即会出现该控件。

图3-22　控件组选项信息示例

点击"控件"组右侧的 ⌄ 按钮，在展开的控件组中，选中"使用控件向导" ⚡ 使用控件向导(W)，控件向导能够极大地方便控件的设计。部分控件在添加时会出现向导提示设计步骤。

2.**字段列表**。字段列表显示窗体所基数据源表或查询的所有字段。

3.**属性表**。窗体、窗体各节以及窗体上的每个控件都有属性。这些属性影响着窗体及控件的外观和性能。属性可以在属性表中查看和修改。"表单设计"功能区有"属性表"命令，可以显示属性表（图3-21）。属性表上方的下拉列表列出了当前窗体的所有对象，包括窗体本身及窗体的各个部分和所有控件。通过选择这些对象，可以设置其相关属性。属性表所列举的各项属性除了包含全部属性的"全部"选项卡外，又有"格式""数据""事件""其他"四种分类属性选项卡。"格式"类属性主要控制对象的外观，"数据"类属性主要控制对象的绑定数据来源，"事件"类属性主要通过对应宏或VBA代码中的事件过程控制对象的各类行为。

二　窗体属性

Access数据库的窗体属性丰富，这里只举例说明一部分常用属性。

（一）"格式"类属性　　决定窗体的外观形态。

1.**"默认视图"属性**。决定数据显示窗体打开后的显示形式。有"单个窗体""连续窗体""数据表""分割窗体"等选项。

2.**"标题"属性**。用于设置窗体标题栏上的文本。这个属性可以通过代码在程序运行时实时修改，如移动到一条记录时，以这条记录的某个字段的值作为标题。

3．**"记录选定器"属性**。即窗体视图中左边的灰色区域，用于选择整条记录。此属性决定记录选定器是否可见。

4．**"导航按钮"属性**。位于窗体底部左边，包括显示当前记录位置和记录总数的文本框及用户移动数据位置的左右箭头。非数据窗体中，这一属性一般设置为"否"。

5．**"分隔线"属性**。决定连续窗体的记录之间是否显示分隔线。

6．**"滚动条"属性**。决定窗体是否拥有水平滚动条或垂直滚动条。

7．**"边框样式"属性**。决定窗体的边框形式，同时也决定能否手动控制窗体的大小。只有"可调边框"能够手动调整窗体大小，细边框和对话框均不可调。

8．**"控制框"属性**。决定窗体是否具有控制菜单（图3-23）。控制框上的关闭按钮、最大最小化按钮也可设置是否可见。

9．**"宽度"属性**。可以用来精确设置窗体的宽度。

分割窗体具有一些特殊的格式属性，如两个部分的位置、数据表部分是否允许编辑等。

（二）"数据"类属性　　控制窗体的数据来源。

1．**"记录源"属性**。用于设置窗体记录所基的表、查询或SQL语句。设置此属性可以单击属性值中的下拉箭头，选择所列的表或查询。也可点击 <kbd>…</kbd> 按钮，激活"查询生成器"（图3-24），进入查询设计视图。在设计视图中完成查询条件设置后，单击关闭查询，系统提示是否保存SQL语句（图3-25），点击"是"后，"记录源"属性即可保存查询的SQL语句，如：

图3-23　"控制框"属性选项

图3-24　激活"查询生成器"

图3-25　保存SQL语句提示框

SELECT 说文字头表.* FROM 说文字头表 WHERE (((说文字头表.说解) Like "*大也*"))

该语句筛选"说解"字段有"大也"二字的所有记录。

2.**"记录集类型"属性**。用于决定多表窗体的数据更新方式。"动态集"只能更新默认表中的字段,"动态集(不一致的更新)"可以更新所有表的字段,"快照"则只可查看不能更新。

3.**"筛选"属性**。规定窗体数据所执行的筛选条件。当在窗体上执行手动筛选操作后,这一筛选条件会自动保存在"筛选"属性中。如:([说文字头表].[部首]="木"),这其实就是SQL中不带WHERE的条件子句。

4.**"加载时的筛选器"属性**。如果选择"是",那么窗体启动时将自动执行"筛选"属性中的筛选条件。这时,窗体下方的"已筛选"按钮 呈选中状态。"开始"功能区的"排序和筛选"组中的"切换筛选"按钮也呈选中状态。单击"已筛选"或"切换筛选"按钮,均可取消筛选,"已筛选"按钮转为"未筛选" 状态。

5.**"排序依据"属性**。决定窗体所显示的记录按照哪些字段排序。设置该属性值需要输入用"[ ]"括起来的字段名。多个字段排序时,用逗号","隔开用"[ ]"括起来的不同字段名。如要按照降序排序,可在字段名后加"DESC"。例如,"排序依据"属性设置为"[部首],[字头]DESC",窗体记录将按照"部首"字段升序、"字头"字段降序排序。"排序依据"属性所规定的排序,将覆盖窗体记录源原先的排序次序。

6.**"加载时的排序方式"属性**。如果设置为"是",窗体启动时即按照"排序依据"属性值排序。

7.**"允许编辑""允许删除""允许添加"等属性**。决定窗体中的记录是否允许编辑、删除或添加。"允许删除"属性为"否"时,"剪贴板"组的"剪切"按钮 变成灰色不可用状态。"允许编辑"属性为"否"时,"剪贴板"的"剪切""复制""粘贴"等按钮均成灰色不可用状态。"允许添加"属性为"否"时,导航按钮中的"新(空白)记录"变成灰色不可用状态。

（三）"其他"类属性

1. **"弹出方式"属性**。决定窗体是否始终在前。

2. **"模式"属性**。决定此窗体打开时能否进行其他窗体的操作。它与"弹出方式"属性常一起使用。当两者都设置为"是"时，此窗体永远在前，且只有当关闭这个窗体时才能继续数据库的其他操作。

三　窗体控件布置

为了整齐美观，窗体中的控件需要进行大小、对齐、移动等操作设置。相关操作可以通过"排列"功能区的有关命令组实现（图3-26）。

图3-26　"排列"功能区命令组

操作时，首先要选定控件对象。选定单个对象，只要单击控件即可。要选定多个对象，则可以按住【Ctrl】键或【Shift】键，再单击需要选定的控件，也可以按住鼠标左键，拖动鼠标，框住需要选定的多个控件。

选中对象后，控件周围出现黄色粗线，四边各有小方块（图3-27）。左上角较大的方块为移动句柄，鼠标放到此方块上时，会出现四个方向的箭头图标，此时按住鼠标可以移动控件。鼠标放到黄色粗线

图3-27　选中控件

时，按住鼠标也可以移动控件。四边的其他略小的方块为大小句柄，鼠标放到这些方块上时，会出现左右、上下或斜向的箭头，此时按住鼠标移动可以调整控件的大小。

设置控件对齐、控件大小相同、间距相同等都可以选定控件后，选择"调整大小和排序"组中的"大小/空格"和"对齐"命令（图3-26）。也可以右击鼠标，在弹出快捷菜单中选择相关功能来实现（图3-28）。

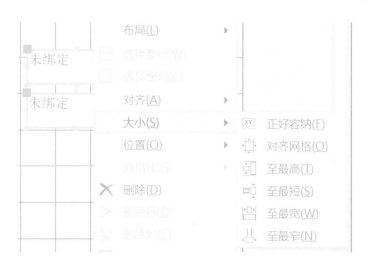

图3-28　右键快捷菜单命令调整控件大小

　　通过"窗体"命令自动生成的数据，窗体默认使用布局。布局是帮助对齐窗体上的控件，并调整其大小的网格线。通过布局网格，可以自动水平或垂直对齐多个控件。但是，这也限制了各个控件的独立微调。在设计视图的"排列"功能区"行和列"命令中单击"选择布局"，可以选中所有控件。再单击"表"命令的"删除布局"，可以删除整个布局（图3-26）。删除后，控件可以自由移动，"排列"区中的"行和列""合并/拆分""移动"等功能组均变灰不可用。

第四节

窗体常用控件的使用

Access数据库窗体中许多控件具有一些相同的属性。例如，控件都有"名称"属性，是控件的名字，在VBA编程的代码中需用名称引用这个控件。一般控件都有指示其在窗体中的外观属性，如位置的边距、规定大小的高度及宽度、决定在窗体视图中是否可见等。此外，还有归入"数据"类属性的是否可用等。绑定控件都具有"控件来源"属性，即指定该控件显示哪个字段。

许多控件也有特殊的属性。例如，"图像"控件具有"缩放模式"属性。标签控件用于标记文本框等对象，除了"名称"属性外，还有"标题"属性，是窗体视图中显示给用户看的文本，但没有"数据""事件"类属性。

一　文本框 abl

文本框是显示和编辑窗体数据最常用的控件。文本框除了控件内文本的显示方式，如文本的字体、颜色、对齐方式、行距等属性的设置外，还有一些比较特殊的属性。"其他"类属性中的"垂直"属性，决定控件内的文本是垂直显示还是水平显示，设置成垂直显示即可与古代文献语料的书写形式一致，便于对照。"Enter键行为"属性，用于决定按回车键时，光标移到下一个控件还是在当前控件内换行。例如，在显示区分段落的长文本字段内容时，按照原始行款输入青铜器铭文的释文，需要修改为"字段中新行"，以便分行输入数据。默认值是"移到下一个控件"。控件的"Tab键索引"属性决定了窗体中控件的具体次序，即跳移的下一个控件具体是哪一个。

文本框作为绑定控件，其"控件来源"属性为绑定的字段名。也可以将"控件来源"属性设置为计算表达式，如表达式：

$$= [字数] +Nz([重文])+Nz([合文])$$

此文本框将窗体中的"字数""重文""合文"进行求和运算，并显示运算结果。

文本框"数据"类属性的"文本格式"属性有"纯文本"和"格式文本"两个值。设置为"格式文本"时，可以应用格式设置编辑并显示文本，此属性值要求所绑定的字段的"文本格式"属性也是"格式文本"。设置为"纯文本"时，如果绑定字段是"格式文本"，文本框将在显示文本的同时显示HTML标记，而不显示设置好的文本格式。

二 命令按钮

命令按钮能够执行许多操作。通过命令按钮向导，[①]能自动完成记录浏览、记录操作、窗体操作、报表操作、应用程序操作、运行查询等多项任务。图3-29是指定命令按钮打开一个窗体。

图3-29 指定命令按钮执行操作

完成后，向导会自动为这个命令按钮嵌入宏，以执行自动化操作。此时，命令按钮属性表"事件"选项卡中的"单击"项会出现"[嵌入的宏]"值，点击右侧 … 图标，可以打开宏编辑窗口。图3-30显示执行打开窗体命令按钮的OpenForm宏的相关

---

① 如果绘制控件时，控件向导无法自动跳转弹出，则单击控件组（图3-22）右侧三角形图标 ▽ ，点击"使用控件向导"即可。

信息。窗体名称中的字符用 ChrW 函数表示。ChrW 函数返回包含 Unicode 的字符串。

图 3-30　OpenForm 宏操作

三　列表框

列表框控件能够提供一组值供用户选择。使用时只能选择已有的列表值，不能输入新的值。在设计时，列表框需要预先设定其列表项的来源。

通过列表框控件向导创建列表框，主要有以下几个步骤：

1. 选择列表框值的获取方式。有两个选项：获取其他表或查询中的值；设计时自行键入（图 3-31）。

图 3-31　列表值获取方式对话框

2. 如选择自行键入，直接输入列表值即可（图3-32）。输入完成后，在控件的"行来源"属性中可以看到输入的列表值（图3-33）。

图3-32 自行键入列表值

图3-33 "行来源"属性查看列表值

3. 如选择获取其他表或查询中的值，需要先选择来源的表或查询（图3-34）。再选择列表框值来源的字段（图3-35）。然后决定列表框排序的字段、宽度、标签。

图3-34　选择列表值的来源表或查询

图3-35　设置列表值来源字段

如果列表框选择显示多个列，需要决定哪个列是实际使用的列（图3-36）。

当选中列表框中的某一行时，既可以将那一行中的数值存储在数据库中，也可以以后用该值来执行某项操作。请选择一个可以唯一标识该行的字段。请确定列表框中哪一列含有准备在数据库中存储或使用的数值:
可用字段:
文献编号
文献名称
时代
取消
< 上一步(B)
下一步(N) >
完成(F)

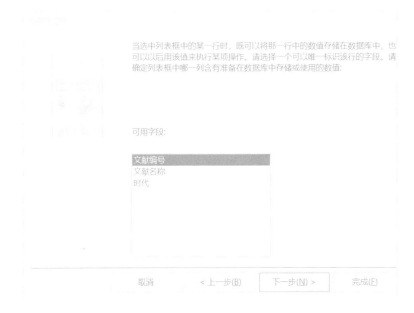

图3-30 设置实际使用的列

设计完成后，列表框显示所选字段可供选择（图3-37），“行来源”属性则显示为一个SQL语句（图3-38）。

文献名称
睡虎地秦墓竹簡 战國-秦
龍崗秦簡 秦
里耶秦簡 秦
嶽麓書院藏秦簡 秦
周家臺秦簡 秦
王家臺秦簡 秦

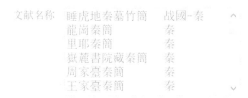

图3-37 列表框显示可选字段

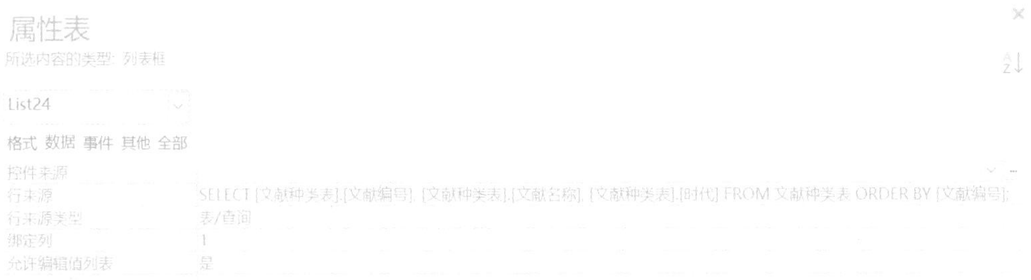
属性表
所选内容的类型: 列表框
List24
格式 数据 事件 其他 全部
控件来源
行来源 SELECT [文献种类表].[文献编号], [文献种类表].[文献名称], [文献种类表].[时代] FROM 文献种类表 ORDER BY [文献编号];
行来源类型 表/查询
绑定列 1
允许编辑值列表 是

图3-38 行来源SQL语句

列表框的"多重选择"属性用来设置是否可以同时选择多个值。属性值为"无"时，只能选择一个值。属性值为"简单"或"展开的"时，均可通过按住【Shift】键或【Ctrl】键，用鼠标选择连续或不连续的多个值。属性值为"展开的"时，可以拖曳鼠标选中多个值。

列表框可以同时显示多列，具体列数见于"列数"属性，各列以序号1、2、3……区别。"绑定列"属性显示的列序号，即图3-36选择的实际使用列，用来确定哪个列的值供选择后使用，如填入列表框控件所对应的字段。

四　组合框

组合框控件其实就是文本框和列表框的组合，显示图标为一个右侧带向下箭头的文本框。点击箭头，可以出现下拉列表供选择，也可以在文本框中输入文本，如果列表中有匹配的值会自动显示该匹配值。

组合框与列表框的功能大致相同，两者的向导设计步骤也基本相同。组合框只有点击箭头时才出现下拉列表，因此比较节约窗体空间。与列表框不同的是，组合框不能进行多重选择。

因组合框既可以在列表中选择列表项，又可以输入值，输入值不一定就在列表中，因此组合框有一个"限于列表"属性。如果设置此属性为"是"，当输入值不见于列表时，会出现提示（图3-39）。如果设置为"否"，可以在"事件"类属性的"不在列表中"属性添加事件，比如打开列表项数据源表或查询，增加列表项。

图3-39　输入值不在列表项的提示框

绑定的列表框和组合框设计向导，会提供两种选定数值的使用方式：记住数值供以后使用，常在VBA代码中作为窗体的数据筛选条件等；也可以直接保存在绑定字段，填入数据表（图3-40）。

图3-40　选定组合框数值的使用方式

图3-41显示的金文拓片著录子窗体中，"著录文献"是个组合框，列出金文著录书目，选择了书名后，将作为主键的"著录文献号"字段值填入"金文著录表"的"著录文献号"字段。

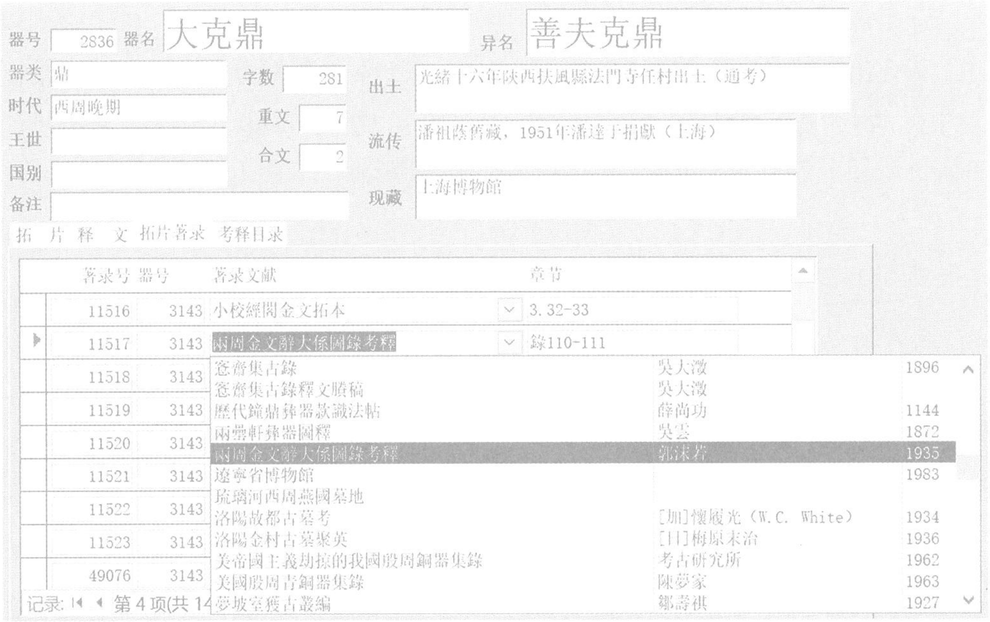

图3-41　子窗体"著录文献"组合框示例

这个组合框控件有两个需要特别注意的数据属性：

1.**"控件来源"属性**。指示该控件所绑定的字段名，这里是"金文著录表"的"著录文献号"字段。

2.**"行来源"属性**。指示该组合框中备选列表项的来源，这里是个SQL语句：

SELECT［金文著录书目］.［著录文献号］,［金文著录书目］.［书名］,［金文著录书目］.［作者］,［金文著录书目］.［出版时间］FROM［金文著录书目］ORDER BY［书名］;

此列表项显示"金文著录书目"表的"著录文献号""书名""作者""出版时间"四个字段，按"书名"字段排序。

列表项中的每个列都有编号，"著录文献号"是主键字段，默认列号为1。此字段对于用户来说没必要看到，因此可隐藏不可见。由于"金文著录书目"表和"金文著录表"是一对多的关系，列表项中的"著录文献号"字段作为"一"端的主键字段，需要通过该字段与"金文著录表"关联。因此，选中列表项的值后填入"控件来源"属性所指定的绑定列时，填入的是该字段值。这时，列表框的"绑定列"属性为默认值1。

列表框的"列表行数"属性，用来设置展开列表时显示的列表项数。当列表框的总列表项数超过"列表行数"属性值时，将显示垂直滚动条。

五 选项组

选项组用可供用户在一组条件中进行选择。选择项一般采用选项按钮来组织。选择结果可以存入某个字段，也可以作为程序进一步运行的条件。

选项组主要由选项组标签、框架线、选项按钮、选项标签等多个控件组合而成（图3-42）。每个选项按钮都有一个"选项值"属性。在VBA代码中可以通过选项组控件的Value属性引用选项值。

利用选项组向导设计选项组，有以下几个步骤：

图3-42 选项组效果图

1. 添加选项标签（图3-43）。

图3-43　输入选项标签

2. 决定默认值（图3-44）。

图3-44　设置默认选项

3. **为选项赋值**（图3-45）。窗体中不同选项按钮完成赋值后，单击选项组的某个按钮，选项组的AfterUpdate事件将返回该选项值，以供VBA代码使用。

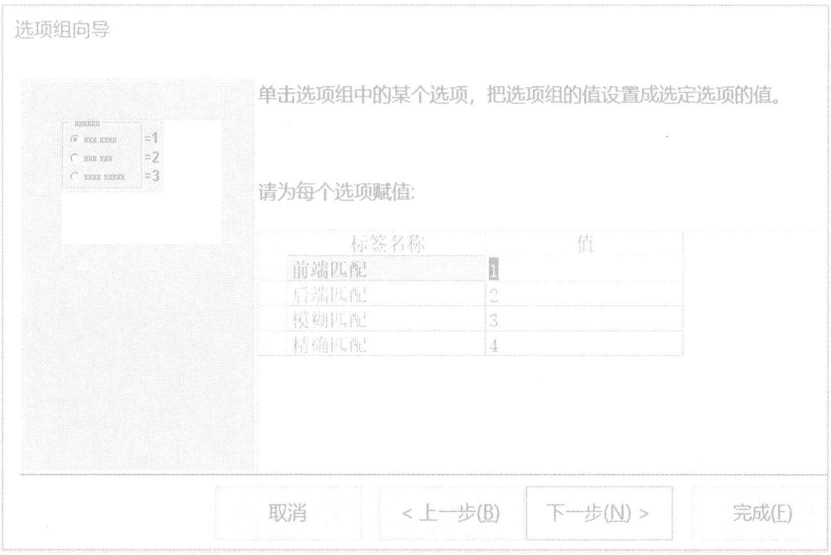

图3-45　赋值各选项

4. **选择选项按钮类型**（图3-46）。

图3-46　设置选项控件的类型和样式

5. 指定选项组标题（图 3-47）。

图 3-47　指定选项组标题

六　子窗体/子报表

子窗体控件用于在一个主窗体中显示另一个窗体，主窗体的数据源与子窗体的数据源之间通常是一对多的关系。

例如，商周金文窗体作为主窗体，显示以青铜器铭文为单位的相关数据。而一件青铜器铭文会被多种著录文献收录，要在主窗体中显示该器铭文的著录情况需使用子窗体（图 3-41）。

使用向导设计子窗体的关键步骤为：

1. **选择已经建好的窗体，一般是以连续窗体作为子窗体**。也可以选择现有的表或者查询，系统自动生成一个新的独立子窗体。用"窗体"命令自动生成的子窗体默认直接使用表，因此没有独立的窗体。如果选择表或查询，要进一步选择子窗体中需要显示的表或查询的相关字段（图 3-48）。

2. **设置主窗体和子窗体之间的关联字段**。向导会自动列出名称相同的关联字段（图 3-49）。也可以选择"自行定义"，通过选择窗体与子窗体的字段手动设置两者的关联字段（图 3-50）。关联字段设置是子窗体设计中非常重要的步骤，直接关系到子窗体的记录能否与主窗体实现同步。

图3-48 设置子窗体的显示字段

图3-49 自动列出关联字段

窗
体

图3-50　手动设置关联字段

子窗体的"源对象"属性规定子窗体所基的表、查询或窗体。"链接主字段""链接子字段"属性分别规定主窗体和子窗体中的关联字段。

主窗体与子窗体之间也可以通过查询条件实现关联。例如，以图3-2（见第137页）所示连续窗体作为子窗体，在作为其记录源的查询中，以主窗体的文本框"检索字词"的值作为"引得"字段的条件：

Like "*" &［Forms］!［字词引得］!［检索字词］& "*"

在文本框"检索字词"的事件属性"更新后"的事件过程中添加事件代码：

Me.Refresh

此代码刷新子窗体数据，显示的即是"引得"字段包含文本框"检索字词"中的字词的记录（图3-51）。

检索字词：萬年

器号 器名	引得	时代
1 癲鐘	癲肯（其）萬年	西周晚期
2 𤼈鐘	𤼈（爰）其萬年子子孫孫永賓	西周中期或晚期
22 遟父鐘	灰（侯）父𪎫 𬉪（齊）萬年𦥃（譽-眉）𡔲（壽）	西周晚期
33 楚公逆鐘	楚公逆肯（其）萬年𦤷（壽）用	西周晚期
36 郘叔之仲子平鐘	萬年無諆（期）	春秋晚期

图3-51 子窗体检索结果示例

根据需要，子窗体也可以不与主窗体建立关联。例如，设置《说文解字》相关文献电子书页面路径的子窗体，只是列出了文献的目录，不与主窗体关联（图3-52）。

图3-52 子窗体未关联主窗体示例

七 图像

图像控件可以用来显示出土文字材料拓片、古文字字形图片等图形文件内容。

"图片"属性规定图片名称，通过该属性可以在VBA代码中动态加载图片文件。图像控件的"图片类型"属性值有嵌入和链接两种选项，如果是后者，控件中的图片与原始图片依然保持联系。图像控件在使用时还要注意设置格式属性中的"缩放模式"，共有剪裁、缩放、拉伸三种选项。缩放将按原始比例缩放图片以适应图像控件的大小，这是最为保真的显示格式。剪裁将不顾原始图像的大小，只显示控件大小的图像内容。拉伸则会不顾原始比例，缩放原图以适应图像控件的大小，这种设置会影响图像的长宽比例。

八 图表

图表控件用于直观展示各类统计数据。例如，在研究商周金文构件"宀"的形体变化过程，有三种主要的形体类型：

A类代表形体为⌂，以屋檐部分的斜笔出头为主要特点。

B类代表形体为⌂，屋檐部分都不出头，但是转角处都是方折，而不是圆转的弧形。

C类代表形体为⌂，基本上都是比较圆转的弧形。[①]

原始数据表包括形体类型、器号、时代三个字段，逐条标记了构件"宀"的形体类型。通过图表，可以看出这三种形体类型在不同时代的数量变化，从而了解构件"宀"形体发展演变的规律。

根据向导创建图表控件的基本步骤为：

1. 选择用于创建图表的表或查询（图3-53）。

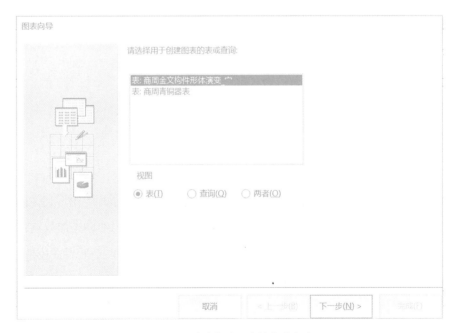

图3-53 选定创建图表的表或查询

[①] 张再兴：《殷商西周金文中构字元素"宀"的形体演变》，《汉字研究》第1辑，学苑出版社，2005年。

2. 选择图表中所需的字段（图3-54）。

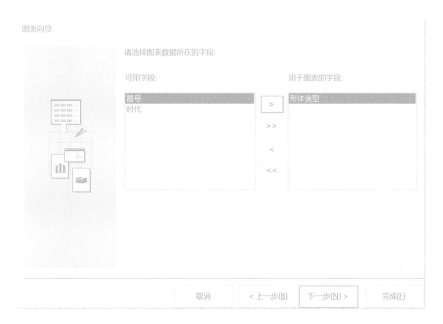

图3-54　设置图表的显示字段

3. 选择图表类型。这里选择柱形图（图3-55）。

图3-55　选定图表类型为柱形图

4. **决定图表中X轴显示的字段、柱形来源字段、Y轴统计数据的来源字段以及统计方式**。将右侧字段列表中的字段拖拽到左侧示例图表的相应位置即可（图3-56）。

图3-56 设置图表数据的布局方式

双击统计数据字段，可以在弹出的"汇总"窗口中选择统计方式。这里选择"计数"（图3-57）。

图3-57 设置数据统计方式

5. 指定图表标题以及是否显示图例（图3-58）。

图3-58　设置图表标题及图例显示

根据向导完成的图表见图3-59。

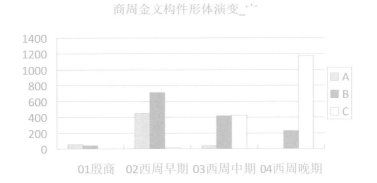

图3-59　完成创建图表显示示例

　　从此图表中可以清晰地看出上述三种类型形体的发展趋势。殷商时期，A、B类形体数量大致相当，A类形体略多；甲骨文中的"宀"大部分的写法与这两类相同，因此这两类形体可以看作是甲骨文写法的继承。到了西周早期，B类形体已经大大超过了A类形体。西周中期，A类形体急剧减少，而且主要分布在西周中期前段；C类形体开始出现，其数量与B类形体大致相当。到了西周晚期，C类形体占据了主要地位。

　　在窗体视图中双击图表控件，可以打开图表的数据表窗体（图3-60）。

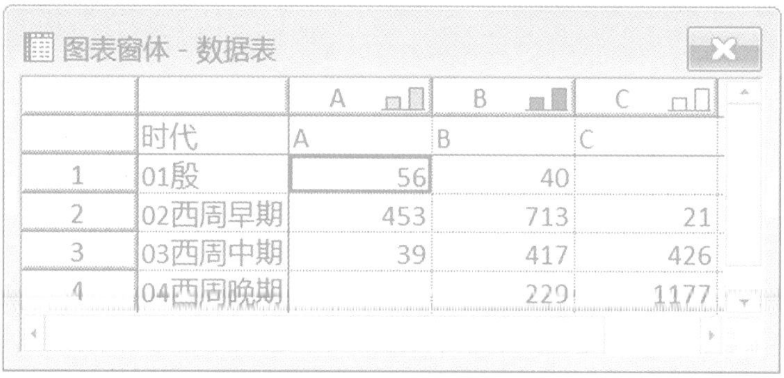

	时代	A	B	C
	时代	A	B	C
1	01殷	56	40	
2	02西周早期	453	713	21
3	03西周中期	39	417	426
4	04西周晚期		229	1177

图3-60　图表的数据表窗体

该图表控件的"行来源"属性为SQL语句：

　　TRANSFORM Count(［器号］) AS［CountOf器号］SELECT［时代］FROM［商周金文构件形体演变_宀］ GROUP BY［时代］PIVOT［形体类型］；

　　TRANSFORM用于创建交叉表查询。PIVOT用于将行数据转换为列数据。

　　图表可以根据需要点击"表单设计"中的"图表设置"按钮修改设置。图3-61为图表格式设置，图3-62为图表数据设置。Y轴的值可以点击下拉箭头，在快捷菜单中选择（图3-63）。

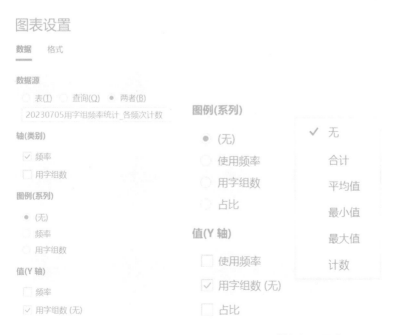

图 3-61　图表格式设置选项

图 3-62　图表数据设置选项　　　　图 3-63　Y轴数据设置选项

第四章
文字学数据库深度开发工具
——VBA

前面章节基本没有涉及程序代码。这样的Access文字学数据库虽然已经能够完成许多数据检索分析工作，但是作为应用程序的功能还是不够完善的。此类数据库不仅数据检索功能不够强大，一些复杂条件的检索无法实现，而且几乎没有自动化的数据处理能力。

为了加强文字学应用数据库的检索、分析等功能，需要用Office内置的VBA编程语言对数据库进行深度开发，才能满足更高层次的文字学研究需要。

VBA（Visual Basic for Application）是Visual Basic（VB）编程语言的一种应用变体，是Microsoft Office内置的开发语言，非常适合语言文字研究者学习使用。VBA在Office办公套件内共享，除了Access外，运用它还能够对Word、Excel、PowerPoint等进行自动化开发。VBA提供了大多数编程语言能够提供的结构，功能足够强大，能够处理一般的数据库自动化问题。它还可以扩展，支持Windows API（Application Program Interface，应用程序编程接口）。VBA语言是面向对象的结构化编程语言，多种提示功能十分方便使用，且又特别通俗易懂。例如：在VBE中编写代码时，在对象名后写上点运算符"."后，VBA的Auto List Members功能将自动列出此对象所有可用的属性、方法以及常数，以供选择（图4-1）。如果用到函数，写完函数名称后，该函数所需的所有参数也都会自动列出（图4-2）。Microsoft支持网站还提供了详细的编程支持。在VBE窗口中，将光标放在对象、函数、方法等关键词上，按【F1】键（或按下【Fn】+【F1】组合键）可以调出在线帮助（图4-3）。

图4-1　自动列出成员功能列出对象的可用属性等

图4-2　即时提示功能列出函数的可用参数

图4-3　VBA的在线帮助窗体

第一节

VBA编程基础

一　VBA开发环境

Access数据库的VBA代码在图4-4所示的VBE（Visual Basic Editor）中进行书写。VBE独立于数据库，能够提供创建、调试和运行代码的开发环境，所写代码需手动保存。[①]

图4-4　VBE工作窗口

VBE可以通过"数据库工具"功能区的Visual Basic打开（图4-5），也可以在数据库窗体对象的设计视图中，通过"表单设计"工具栏上的 查看代码 打开。

[①] 窗体布局可能会影响代码保存，这时只要删除布局即可。关于删除布局，参见第三章第三节中的"**窗体控件布置**"部分。

图4-5 "数据库工具"的"Visual Basic"按钮

VBE窗口除了通常的菜单栏、工具栏外,还有工程窗口、属性窗口、立即窗口、监视窗口、代码窗口、对象浏览器以及本地窗口。

工程窗口列出了当前应用程序工程中的所有类对象、类模块和标准模块名称。一般位于VBE左侧上部。工程默认以当前数据库名称命名(图4-6)。

属性窗口列出当前对象的所有属性。一般位于VBE左侧下部(图4-7)。

图4-6 工程资源管理器   图4-7 属性窗口

立即窗口在代码调试过程中十分有用。立即窗口可以通过按下【Ctrl】+【G】组合键打开,也可以在"视图"菜单中找到命令。可以用Debug.Print将程序运行的结果打印到立即窗口,对于循环来说,这样的结果输出方式尤为便捷。标准模块中的函数则可以在立即窗口中直接用参数测试。输入"?"+"函数名"+"参数",按回车后即可输出函数返回值(图4-8)。

```
Public Function ShuziZhuanhuan(lYuan As Long) As String

Dim lshuzi As Long
Dim sshuzi As String
Dim sshuchu As String
Dim sshuzi_Han As String

For lshuzi = 1 To Len(CStr(lYuan))
    sshuzi = Mid(CStr(lYuan), lshuzi, 1)
        Select Case CInt(sshuzi)
            Case 0
                sshuzi_Han = "〇"
            Case 1
                sshuzi_Han = "一"
            Case 2
                sshuzi_Han = "二"
            Case 3
                sshuzi_Han = "三"
            Case 4
                sshuzi_Han = "四"
```

立即窗口

?shuzizhuanhuan(42153)
四二一五三

图4-8　立即窗口中调用标准模块中的函数示例

　　代码窗口是VBE的主体，用于代码的编写。代码窗口上方有两个组合框。左边的组合框列出了当前模块中所有能够使用的对象名称，窗体模块中有通用、窗体、命令按钮、文本框、标签等，标准模块则只有通用。选中某个对象后，右边的组合框中显示当前对象的所有事件，标准模块没有事件。

　　对象浏览器列出了VBA成员的方法、属性和常数，以供浏览和复制。对象浏览器窗口需要通过"视图"菜单"对象浏览器"或【F2】键调出（图4-9）。

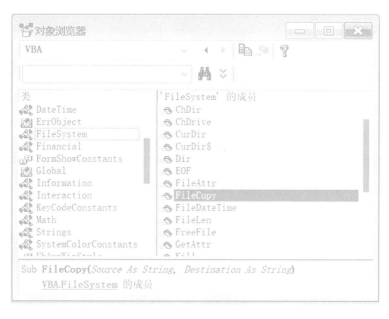

图4-9　对象浏览器窗口

本地窗口会在程序出错或设置了调试断点时，显示当前作用域内所有变量的值，以便检查（图4-10）。

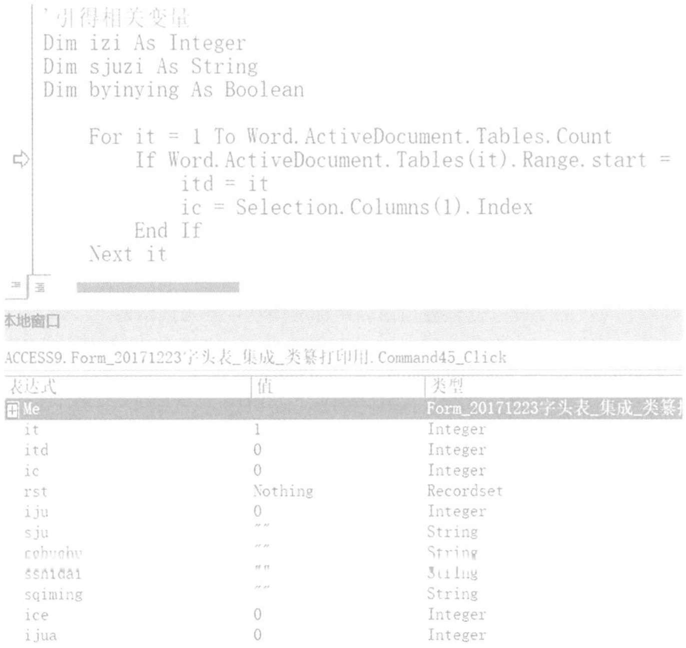

```
' 引得相关变量
Dim izi As Integer
Dim sjuzi As String
Dim byinying As Boolean

    For it = 1 To Word.ActiveDocument.Tables.Count
        If Word.ActiveDocument.Tables(it).Range.start =
            itd = it
            ic = Selection.Columns(1).Index
        End If
    Next it
```

本地窗口		
ACCESS9.Form_20171223字头表_集成_类纂打印用.Command45_Click		
表达式	值	类型
⊞ Me		Form_20171223字头表_集成_类纂
it	1	Integer
itd	0	Integer
ic	0	Integer
rst	Nothing	Recordset
iju	0	Integer
sju	""	String
cehuchu	""	String
ssaigai	""	String
sqiming	""	String
ice	0	Integer
ijua	0	Integer

图4-10　本地窗口查看变量值

VBA

二　基本概念

（一）模块、过程与函数、语句

1. 模块

Access数据库中的代码必须写在模块中。模块有标准模块和类模块两类。标准模块位于数据库的模块对象中，存储的代码可以在数据库应用程序的任意位置调用。类模块中最常见的是绑定到窗体或报表的模块，它们可被称为窗体后代码。窗体模块最重要的功能是支持事件。

所有模块都具有一个通用声明节，用于声明模块内的所有函数，以及子过程中都可以使用的变量和常数。

2. 子过程、函数

除了通用声明节外，每个模块均由一个或多个子过程或函数构成。不同的函数和子过程之间会用横线隔开。模块中的众多子过程通过别的子过程调用，或者由事件触发。

函数是一种特殊的子过程，它具有返回值，可以在别的子过程中调用。子过程没有返回值。

子过程以Sub声明开头，以End Sub结束。函数以Function声明开头，以End Function结束。函数还需要在Function声明行规定返回值的数据类型以及参数的数量和数据类型。

标准模块和窗体模块中添加过程或函数的方法不完全相同。

（1）标准模块中添加过程或函数的方法，可在"插入"选项卡中选择"过程"按钮（图4-11），将出现图4-12所示"添加过程"对话框。输入过程名称，选择过程类型和范围后，代码窗口将自动添加过程头和结束。

图4-11　通过"插入"选项卡添加过程

图4-12　"添加过程"对话框

例如，在模块中输入下方名为fenju的子过程，此子过程只有一个语句，用消息框函数显示字符串的前10个字符，这10个字符用Left函数析取。

```
Sub fenju()
        MsgBox Left("上德不德，是以有德。下德不失德，是以無德。", 10)
End Sub
```

完成后点击"运行"菜单中的"运行子过程/用户窗体"，或按【F5】键，运行
此子过程（图4-13）。

运行结果显示图4-14所示消息框。

图4-13　单击"运行子过程/用户窗体"运行子过程　　图4-14　自定运行结果的信息框

（2）窗体模块中添加过程也可以像标准模块一样插入子过程或函数。但是，窗
体模块更多的是处理对象。窗体代码窗口的对象组合框中列出了当前窗体和报表的
所有对象，选择了对象和需要编写代码的事件后，下面的代码编写窗口即会自动写
出此事件子过程的过程声明，如"Private sub command0_click()"以及过程终止"End
sub"，标志当前过程的开始和结束。子过程自动以"对象名_事件名"的方式命名。

3. 语句

子过程和函数由一行或多行VBA语句，即所谓的代码行构成。

VBA语句有多种类型，可以执行如变量或属性赋值、数学计算、调用函数等多
种操作。例如：

$$Me.Caption = "大盂鼎"$$

此语句设置当前窗体的标题属性为"大盂鼎"。

$$MsgBox\ Me.Caption$$

此语句用消息框函数显示当前窗体的标题。

ChDir "E:\金文字形\02\"

此语句更改当前文件夹为"E:\金文字形\02\"。

ChDrive "E:\ "

此语句更改当前驱动器为E盘。

```
DoCmd.OpenForm "说文字头表"
DoCmd.GoToRecord acDataForm, "说文字头表", acGoTo, 10
```

上述第一行语句由Access内置对象DoCmd执行打开窗体，从而打开一个名为"说文字头表"的窗体，第二行语句移到该窗体的第10条记录。

```
DoCmd.OpenTable "说文字头表"
DoCmd.GoToRecord acDataForm, "说文字头表", acNewRec
```

上述第一行语句打开一个名为"说文字头表"的表，第二行语句移到表末端用*号标记的新记录，以便输入新的数据记录。

语句须以"行"为单位，一行即一个语句。代码行在书写时为了方便阅读，需要注意：

（1）如果一行代码太长，在不方便浏览需要换行时，上一行要用换行符号"_"结束。[1]

（2）在代码行之间插入空行，从视觉上区分多行代码之间的逻辑单元，可以方便代码的阅读。

（3）使用Tab键层层缩进代码行来区分循环、分支的多重嵌套，会使代码的层次看起来清晰，可读性强。

---

[1] 本书因排版需要的换行不使用此符号。

（4）为代码添加注释也可以方便日后的理解和阅读。注释写在英文状态的单引号 "'" 之后，可以直接写在语句之后，也可以另起行书写。注释在代码运行时会被忽略。

模块、过程和函数、语句三者之间的关系可以概括为：一连串语句组成一个过程或函数，多个过程或函数存储在一个模块中，数据库中的所有模块构成当前工程。

（二）对象、属性、方法和事件

作为面向对象的编程语言，VBA 的核心是通过对象的属性、方法等控制各种对象。

1. 对象和对象集合

对象代表 Access 数据库里的各种元素，如表、查询、窗体等，以及窗体上的命令按钮、文本框、标签等各种控件。在 VBA 代码中，对象的 Name（名称）可用于识别和引用对象。

Access 数据库中某类对象的复数形式表达的是对象的集合。如窗体对象 Form，窗体集合为 Forms。需要注意的是，Forms 集合仅指已经打开的窗体，而非数据库中的全部窗体。控件对象 Control，控件集合为 Controls。Me.Controls.Count 即返回当前窗体的控件集合的控件总数。Me.Controls.Item(1).Name 即返回控件集合中 Item 属性为 1 的控件的名称。

对象具有属性、方法和事件。对象的属性和方法均可以在当前对象的事件中访问和执行，也可以在别的对象中通过引用当前对象访问和执行。

2. 属性

对象都具有属性。属性是一个对象本身所具有的特征，既包括对象的外观，如大小、颜色或屏幕位置等，也包括对象的内容，如文本框的文本、图像框的图像，还包括某一方面的行为，如对象是否能够被激活、是否可见等。

对象的属性有些是只读的，比如数据库对象的 Path 和 Name 属性，可以返回数据库对象的完整路径及文件名和后缀，但不能为其赋值。以下两个语句分别用消息框显示当前数据库的路径和名称。

```
MsgBox Application.CurrentProject.Path
MsgBox Application.CurrentProject.Name
```

还有许多属性则可以更改设置。这些属性可以在对象设计时预先设置好，如窗体及其控件属性可以在窗体设计视图的属性窗口中设置。属性窗口使用多个选项卡显示其对象的所有属性。例如，图4-15、图4-16显示"说解"文本框的"格式"和"数据"两个属性选项卡。

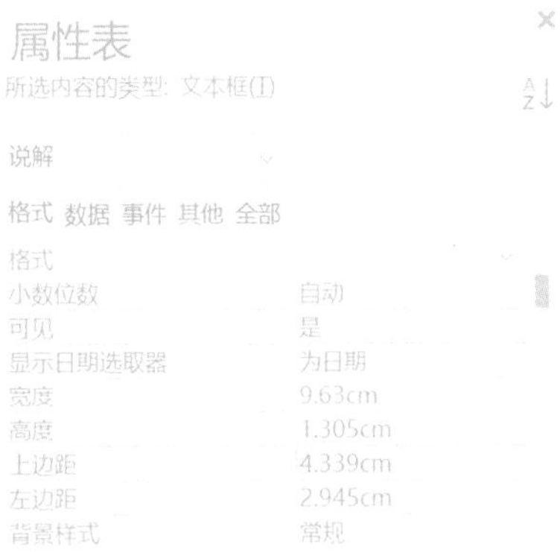

图4-15　文本框"格式"属性 　　　图4-16　文本框"数据"属性

对象的属性也可以在程序运行时访问。访问属性时可在对象名后用点运算符"."引用，在 Auto List Members 列出的成员列表中，属性项前用与工具栏中的属性按钮同样的图标进行标记。

属性的访问，包括两个方面，一是属性的设置，即通过赋值语句赋予对象属性值，从而动态改变对象的特性。例如，用语句 Me.Command0.Enabled = False 可以将命令按钮设置为灰色不可用。再如，命令按钮的大小、位置和字体颜色等外观特征分别由 Height、Width、Top、Left、ForeColor 等属性决定。通过属性赋值语句改变这些属性值即可改变命令按钮的外观。例如，语句 Command0.ForeColor = RGB(255, 0, 0)，可将命令按钮 Command0 的前景色改为红色。

一次设置一个对象的多重属性时，可以使用 With 语句。这样无须重复书写对象名，使代码更加简洁。例如，要设置文本框 Text0 的字体、字号、加粗等属性：

```
With Text0
    .FontName = " 黑体 "
    .FontSize = 20
```

.FontBold = True

End With

二是对象属性值的读取，以供后续程序使用。例如，语句MsgBox Text0.Value可以读取文本框Text0的Value属性，即文本框的内容，然后用消息框显示。

3. 方法

对象具有方法。方法是数据库对象可以执行的操作。方法也可以用点运算符进行访问。在Auto List Members列出的成员列表中，方法前用 🌑 标记。使用方法不需要其他附加指令，其语法为：对象名.方法名。

例如，窗体有Refresh方法，Me.Refresh语句可以用来刷新窗体；文本框有SetFocus方法，Text0.SetFocus语句可以用来使文本框Text0获得焦点。Access数据库中，文本框的Text属性，即文本框中的文本内容，只有在获得焦点之后才能读取。如果不用SetFocus语句，可以直接引用文本框名，或者读取Value属性，其值与Text属性返回的结果相同。

4. 事件

对象具有事件。事件是一个对象可以辨认的动作，如鼠标单击命令按钮时会发生命令按钮的Click（单击）事件，窗体关闭时会发生窗体的Close（关闭）事件等。图4-17为代码窗口中窗体对象的事件列表，图4-18为属性表窗口中窗体对象的事件选项卡，两者是一致的。

Access数据库中的事件主要包括以下几种类型：

（1）窗体/报表类事件。如窗体的Load（加载）、Close（关闭）、Current（成为当前）等。

（2）键盘类事件。如按下键盘某个键然后松开，会依次发生KeyDown（键按下）、KeyPress（击键）、KeyUp（键释放）事件。其中的KeyPress事件可以返回该键的Ascii码。

（3）鼠标类事件。如MouseMove（鼠标移动）、Click（鼠标单击）、DblClick（鼠标双击）等。

（4）焦点类事件。如GotFocus（获得焦点）、LostFocus（失去焦点）等。

（5）数据类事件。如Change（数据更改，包括录入和删除）。

图4-17 窗体的事件列表

图4-18 窗体属性的事件选项卡

（6）记时器触发事件。

有些事件类型是多种对象所共有的，如文本框、图像、命令按钮等都有鼠标Click（单击）事件。有的事件是某个对象所特有的，如窗体有Timer（记时事件），如果在此事件中添加代码Me.Caption=Now()，并且设置"计时器间隔"属性为1000，即1 000毫秒（等于1秒），运行时即可在窗体的标题栏中显示当前日期和时间，间隔1秒更新时间。这实际上就是一个精确到秒的数字时钟（图4-19）。

```
Private Sub Form_Timer()
        Me.Caption = Now()
End Sub
```

特别值得注意的是，Access应用程序本质上都是由事件驱动的，因此事件处理是VBA编程首先要面临的关键问题。编写代码时必须先明确代码由哪个对象的哪个事件驱动，然后将代码写在相应对象的相应事件中。

VBA

图4-19 设置窗体的"计时器间隔"属性

对事件编写事件过程代码后，当这个事件发生时，代码就会自动被执行。这时，属性窗口"事件"选项卡中当前事件的属性值会变成"[事件过程]"，表示事件已经与特定对象的属性连接。如果不小心删除这一属性值，则断开了这种连接，该事件将无法触发相应代码。

（三）变量与常量

1. 变量

变量是计算机内存中用于存储信息的位置。它的值在程序运行过程中可以不断改变，因此称为"变量"。变量就如同一枚用来书写的空白竹简，程序运行时可以在上面保存、读取、传递数据。这些数据可以由用户输入、程序计算产生，或者从表、查询等数据源读入。

图4-20显示从sWenBen字符串变量中依次切分出的单个字符放入sJu变量过程中，sJu变量的逐渐变化过程。

变量具有不同的数据类型。表4-1列举了文字学数据库编程常用的VBA变量数据类型，以及与数据库表字段数据类型的对应关系。

```
Dim sWenBen As String
Dim lWeiZhi As Long
Dim lChangDu As Long
Dim sZi As String
Dim sJu As String

sWenBen = "大（太）上，下智（知）有之；
For lWeiZhi = 1 To Len(sWenBen)
    sZi = Mid(sWenBen, lWeiZhi, 1)
    If sZi <> "；" Then
        sJu = sJu & sZi
        Debug.Print sJu
    End If
Next lWeiZhi
```

立即窗口

```
大
大（
大（太
大（太）
大（太）上
大（太）上，
大（太）上，下
大（太）上，下智
大（太）上，下智（
大（太）上，下智（知
大（太）上，下智（知）
大（太）上，下智（知）有
大（太）上，下智（知）有之
大（太）上，下智（知）有之；
```

图4-20　字符串切分成句时变量sJu的变化结果示例

表4-1　常用的VBA数据类型

数据类型	关键字	存储空间	字段数据类型	取 值 范 围
字符串型	String	可变	短文本、长文本、超链接	变长字符串最多包含大约20亿（2^31）个字符 定长字符串可包含1～64 K（2^16）个字符
长整型	Long	4字节	自动编号、数字（长整型）	−2147483648~2147483647
货币型	Currency	8字节	货币	−922337203685477.5808~922337203685477.5807
布尔型	Boolean	2字节	是/否	True/False
日期型	Date	8字节	日期/时间	1/1/100~31/12/9999 0:00:00 ～ 23:59:59
对象型	Object	4字节	无	任何对象引用

　　在使用变量前需要加以声明。VBA在第一次使用变量时能间接声明变量，因此变量可以不显式声明。但是这会导致一个问题：如果在书写代码时不小心写错了一个字母，那么VBA会将这个写错字母的变量看作另一个变量，这样就会导致程序运行结果出现问题，但却往往不会提示出错。因此，最好在模块的通用声明节中加上

"Option Explicit"语句，强制声明变量。打开"工具"菜单中的"选项"对话框，在"编辑器"选项卡中勾选"要求变量声明"，系统就会自动给每个新的模块增加"Option Explicit"语句（图4-21）。

图4-21　设置"要求变量声明"

变量的声明使用Dim、Private、Public等关键字。具体声明时使用哪个关键字需要根据变量的作用范围来确定。

根据作用域范围的大小，变量有局部变量（子过程级变量）、私有变量（模块级变量）和公共变量（全局变量）的区别。这些变量的声明位置也有差异。

（1）局部变量（子过程级变量）

在所用到的过程（Sub）或函数（Function）中声明，声明语句为Dim……As……。这种变量只在当前子过程或函数中有效。例如，如图4-22所示，在命令按钮Command0的Click事件过程中声明一个字符串变量：

Dim sFind As String

（2）私有变量（模块级变量）

私有变量只在当前模块中有效，在当前模块的不同过程或函数中可以互相调

图 4-22 变量声明示例

用。可以使用 Private 或 Dim 关键字在模块的通用声明节中声明。例如，如图 4-22 所示声明一个窗体模块级别的变量：

Private sName As String

（3）公共变量（全局变量）

公共变量需在数据库的独立标准模块的通用声明节中声明，声明使用 Public 关键字。用于存放甲骨、金文、简牍等拓片或照片的路径的变量：

Public slujing As String

这种变量在整个数据库应用程序的所有模块中都有效，因此任何一个需要使用拓片或照片的窗体都可以使用这个变量。需要在子窗体与主窗体以及其他不同窗体之间传递的变量，也要在标准模块中用 Public 关键字声明。

如果标准模块中使用 Private 关键字声明变量，那么这个变量只在当前标准模块中有效。

变量的命名以简洁易懂为原则。变量名不能以阿拉伯数字开头，不能用除下划线"_"以外的标点符号及空格，不能使用 Sub、End、Form 等 VBA 保留字。不建议使用汉字作为变量名。变量名前最好加上代表数据类型的字母，比较直观易懂，如"s"代表字符串类型，"b"代表布尔值类型等。同一作用域范围中，同一个子过程内的变量不允许重复。其实，不同作用域范围内的变量也最好不要重复，变量使用有"就近"声明原则，因此重名变量比较容易出问题。

变量声明之后，使用之前通常要先用赋值语句指定变量的值。其语法为：变量名＝赋值表达式。如：

sName="金文语料库"

sName= Me.Text1

如果不赋值，则自动使用其初始值。如Long类型的变量初始值为0，String类型的变量初始值为空字符串 ""。

变量不能赋空值，否则会出现错误，但可以赋空字符串 ""（图4-23）。在引用有空值的字段或控件给String类型变量赋值时，需要加上空字符串：

stext=Me.Text1 & ""

Microsoft Visual Basic

运行时错误 '94'：

无效使用 Null

结束(E)　　调试(D)　　　　帮助(H)

图4-23　变量赋空值的出错提示框

2. 常量

与变量一样，常量是计算机内存中存储备用信息的存储器，但是常量的值在程序运行过程中固定不变。常量用关键字Const声明。在声明常量时，必须给常量赋值。如：

Const sProName As String="金文语料库"

如果前面提到的图片路径是固定的，也可以定义为常量。

VBA中还有许多内置常量，可以直接使用。这些常量都由字母"vb"开头。如vbExclamation（警告信息）、vbOK（按下OK按钮）、vbTab（制表符）、vbBack（退格符）等。这些常量可以由VBA的Auto List Members功能列出。

（四）内置函数

VBA中有许多内置函数可以调用。第二章中已经涉及了语言文字研究数据库应用程序中常用的几个字符串处理函数。包括：

确定字符串长度的Len函数；

从字符串中提取部分字符串的Left函数、Right函数、Mid函数；

查找字符串的Instr函数、InstrRev函数；

替换字符串的Replace函数。

这里再介绍几个有关的函数。更多的函数可以在对象浏览器中通过函数名查找（图4-24），也可以在代码窗口按【F1】键进入在线帮助或者查阅Access数据库函数手册。

图4-24 对象浏览器中查找函数

1. InputBox 函数

用于收集用户输入的文本，返回包含文本框内容的字符串。此函数只有第一个参数（即在对话框中显示的提示内容）是必需的。如语句：

MsgBox InputBox("请输入需要查找的字：")

运行结果将首先出现图4-25所示对话框。输入文本，点确定后，出现消息框，显示的是刚才输入的文本内容。

图4-25　InputBox函数运行结果对话框

2. Asc 函数和 Chr 函数

前者返回字符串中的第一个字母对应的字符代码，如Asc("A")，返回字母"A"的字符代码65。后者返回与指定的字符代码关联的字符，如Chr(66)，返回字母"B"。此外，也可以返回特殊符号，如Chr (13)，返回回车符，Chr (10)，返回换行符等。

三　分支与循环

一个Sub中的VBA代码是从上到下逐行运行的，一行代码就代表一条指令。有时只要让计算机按先后顺序运行代码即可，但更多的时候却需要计算机程序依靠分支和循环结构自动运行。分支和循环在VBA运行环境中具有特殊的重要地位，可以说是自动化处理的关键。因此，VBA提供了多种分支和循环结构。

（一）分支结构

1. If……Then……Else 语句

这个结构用于判断条件，条件为真时，执行关键字Then后面的语句；条件为假时，则执行Else后面的语句。例如：

```
Private Sub cmdFind_click()
    If Me.txtFind = "" Then
        MsgBox "请输入索引词"
```

```
        Else
                DoCmd.OpenQuery "qry引得"
        End If
    End Sub
```

此结构首先判断文本框txtFind的文本是否为空，如果是，就给出提示"请输入索引词"；如果不是，就打开查询"qry引得"。这个查询是以文本框txtFind的文本为参数的参数查询。

如果判断条件不止一个，可以在If和Else之间使用多个ElseIf增加条件。

2. Select Case 语句

当需要判断的分支条件比较多时，使用Select Case语句会比使用多个ElseIf更加方便。

例如，以下自定义函数用于将阿拉伯数字转换成汉字数字。只有一个参数，数据类型为Long。返回值的数据类型为String。运行过程中，根据不同的数字值执行不同的转换。

```
    Public Function ShuziZhuanhuan(lYuan As Long) As String
        Dim lshuzi As Long
        Dim sshuzi As String
        Dim sshuchu As String
        Dim sshuzi_Han As String

        For lshuzi = 1 To Len(CStr(lYuan))
            sshuzi = Mid(CStr(lYuan), lshuzi, 1)
            Select Case CInt(sshuzi)
                Case 0
                    sshuzi_Han = " ○ "
                Case 1
                    sshuzi_Han = " 一 "
```

```
            Case 2
                sshuzi_Han = "二"
            Case 3
                sshuzi_Han = "三"
            Case 4
                sshuzi_Han = "四"
            Case 5
                sshuzi_Han = "五"
            Case 6
                sshuzi_Han = "六"
            Case 7
                sshuzi_Han = "七"
            Case 8
                sshuzi_Han = "八"
            Case 9
                sshuzi_Han = "九"
        End Select
        sshuchu = sshuchu & sshuzi_Han
    Next lshuzi
    ShuziZhuanhuan = sshuchu
End Function
```

以下语句调用上述自定义函数：

```
MsgBox ShuziZhuanhuan(InputBox(" 请输入阿拉伯数字 "))
```

该语句使用InputBox函数收集用户输入的阿拉伯数字，作为此自定义函数的参数，并将转换后的结果用MsgBox显示。例如，输入"12345"，将弹出消息框显示"一二三四五"。

（二）循环结构

1. For……Next

这一循环结构可以按照预先设定的次数对某个语句进行循环。例如：

```vba
Private Sub KongGe()
    Dim L As Long
    For L = 1 To 10
        Debug.Print " "
    Next L
End Sub
```

该过程中的L为计数器变量，从1到10，循环运行10次Debug.Print语句，即可以在立即窗口输出10个空格。

```vba
Private Sub ForNext()
    Dim lzi As Long
    Dim szi As String
    Dim sju As String

    sju = "上德不德"
    For lzi = 1 To Len(sju)
        szi = Mid(sju, lzi, 1)
        Debug.Print szi
    Next lzi
End Sub
```

此循环过程中，用Len函数返回的字符串变量sju的长度作为计数器变量lzi的结束值，用计数器变量lzi的值作为Mid函数析取字符的第二个参数，即位置参数。依次析出1个字符，并打印到立即窗口，即逐字输出到立即窗口。

默认情况下，计数器变量的增量即步长为1。如果要改变增量，可以在结束值后用Step 加数字标记。下一语句增量为2，其结果将间隔一个字输出：

For lzi = 1 To Len(sju) Step 2

如果要让计数器变量从大到小改变，可以将步长改为负值，如：

For lzi = Len(sju) To 1 Step −1

2. For Each……Next

这一循环结构可以用于对某个集合中的所有元素（如某个窗体上的所有控件）进行循环。例如：

```
Private Sub ForEachNext()
    Dim ctl As Control
    For Each ctl In Mo.Controls
        If TypeOf ctl Is TextBox Then
            Debug.Print ctl.Name
        End If
    Next
End Sub
```

以上语句遍历窗体上的所有控件，如果控件类型为本文框，则将控件的名称打印到立即窗口。

```
Dim obj As Object
For Each obj In CurrentProject.AllForms
    Debug.Print obj.Name
Next
```

以上代码可在立即窗口打印当前数据库中的所有窗体名称。

3. Do……Loop

这一循环结构有不同形式。常用的如 Do Until……Loop 和 Do While……Loop。前者表示循环直到某个条件出现，后者表示在某个条件下进行循环。如：

```
Private Sub DoWhile()
        Dim Ldo as Long
        Do While Ldo < 10
                Ldo = Ldo + 1
                Debug.print Ldo
        Loop
End Sub
```

此结构在变量Ldo小于10的条件下，执行Ldo+1运算，然后在立即窗口打印运算后的Ldo值。Ldo的初始值为0。

```
Private Sub DoUntil()
        Dim Ldo As Long
        Do Until Ldo = 10
                Ldo = Ldo + 1
                Debug.Print Ldo
        Loop
End Sub
```

此段代码的运行结果与上一段代码是相同的。

4. While……Wend

条件为真时，循环执行语句，直到遇到Wend关键字。此循环结构与Do While……Loop功能相同。以下过程将"324~328"这个用"~"间隔表示数字范围的字符串内的数字逐个输出到立即窗口，即324、325、326、327、328。

```
Private Sub WhileWend()
    Dim sfanwei As String
    Dim lshuzi As Long
    Dim skaishi As String
    Dim sjieshu As String

    sfanwei = "324~328"
    skaishi = Left(sfanwei, InStr(1, sfanwei, "~") − 1)
    sjieshu = Right(sfanwei, Len(sfanwei) − InStr(1, sfanwei, "~"))
    lshuzi = CLng(skaishi)
    While lshuzi >= CLng(skaishi) And lshuzi <= CLng(sjieshu)
        Debug.Print lshuzi
        lshuzi = lshuzi + 1
    Wend
End Sub
```

以下过程将"02"文件夹中所有 gif 格式文件全部复制到"NEW"文件夹，复制过程中在每个文件名前加前缀"N_"。

```
Private Sub FuZhiGaiMing()

Dim spath, spathnew As String
Dim sfile, sfilenew As String

    spath = "E:\金文字形\02\"
    spathnew = "E:\金文字形\NEW\"

    ChDir spath
    ChDrive Left(spath, 3)
```

```
        sfile = Dir("*.gif")

        While sfile <> ""

            sfilenew = spathnew & "N_" & sfile

            FileCopy spath & sfile, sfilenew

            sfile = Dir

            Wend


    End Sub
```

以上代码中的 Dir 函数用于返回指定路径下的文件目录或文件名。

（三）循环和分支的不同思路

在代码中，同样的目标往往可以有不同的达成思路。例如，字符串"大（太）上，下智（知）有之；其次，親譽之；其次，畏之；其下，母（侮）之"，要把";"作为分隔符号，将这个字符串分割成不同句子，并将结果输出到立即窗口（图4-26），可以有两个解决思路。

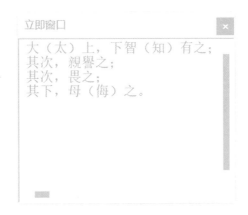

图4-26　分句结果输出示例

第一种思路是用 While……Wend 循环，依次查找字符串中分号";"的位置，用 Mid 函数提取句子。第一个句子的开始位置为1，后面的句子依次以分号";"的位置加1作为开始位置。代码如下：

```
Dim lShuLiang As Long
Dim lWeiZhi As Long
Dim sWenBen As String

sWenBen = "大（太）上，下智（知）有之；其次，親譽之；其次，
畏之；其下，母（侮）之。"
lShuLiang = 1
lWeiZhi = InStr(lShuLiang, sWenBen, "；")
While lWeiZhi <> 0
    Debug.Print Mid(sWenBen, lShuLiang, lWeiZhi – lShuLiang + 1)
    lShuLiang = lWeiZhi + 1
    lWeiZhi = InStr(lShuLiang, sWenBen, "；")
Wend

If lShuLiang < Len(sWenBen) Then
    Debug.Print Mid(sWenBen, lShuLiang)
End If
```

　　第二种思路是用For……Next循环，对字符串进行逐字析取，判断其是否为分号"；"。如果不是，则加入变量sJu；如果是，则将变量sJu输出到立即窗口。直到最后一个字符，即使不是分号"；"，也将变量sJu输出到立即窗口。代码如下：

```
Dim sWenBen As String
Dim lWeiZhi As Long
Dim sZi As String
Dim sJu As String

sWenBen = "大（太）上，下智（知）有之；其次，親譽之；其次，
```

畏之；其下，母（侮）之。"

```
    For lWeiZhi = 1 To Len(sWenBen)
        sZi = Mid(sWenBen, lWeiZhi, 1)
        If sZi <> "；" Then
            sJu = sJu & sZi
            If  lWeiZhi = Len(sWenBen)  Then
                Debug.Print sJu
            End If
        Else
            Debug.Print sJu & "；"
            sJu = ""
        End If
    Next lWeiZhi
```

四 调试与错误处理

1. 编译

VBA代码编写过程中，可以不断进行编译，以便及时发现语法错误。在VBE工作窗口菜单栏中单击"调试"菜单的"编译"（图4-27）。编译完成后，编译菜单不再可用（灰色显示），直到完成代码修改。需要注意的是，编译的对象是整个工程，而不仅仅是当前过程。

调试(D)　运行(R)　工具(T)　外接程序(A)
编译 文字学应用2021版(L)

图4-27　"调试"菜单中的"编译"项

编译可以用于发现拼写等语法错误。如图4-28所示，代码中的分支结构不完整。

图4-28　"分支结构不完整"提示框

如图4-29所示，代码中的Set拼写成了Ser，造成类型不匹配。

```
Dim db As DAO.Database
Dim rst As DAO.Recordset

Set db = CurrentDb()
Ser rst = db.OpenRecordset
Do Until rst.EOF
    If rst!部首ID = 2 Then
        rst.Delete
    End If

rst.MoveNext
Loop
rst.Close
db.Close
Set db = Nothing
```

Microsoft Visual Basic for Applications ×

编译错误：

类型不匹配

确定   帮助

图4-29 "类型不匹配"提示框

如图4-30所示，代码中的变量iju未定义。

```
For izi = 1 To ichangdu Step 1
    szi = Mid(sshiwen, izi, 1)
    If SZI <> " " then
        If Mid(sshiwen, i
            szi = Mid(ssh
            sju = sju & s
            Debug.Print s
            izi = InStr(i
        Else
            sju = sju & s
            Debug.Print s
        End If
    Else
        Debug.Print sju
        iju = iju + 1
        sju = ""
    End If
Next izi
```

Microsoft Visual Basic for Applications ×

编译错误：

变量未定义

确定   帮助

图4-30 "变量未定义"提示框

2. 设置断点

在程序运行过程中，变量的变化情况除了使用前文提到的Debug.Print打印到立即窗口检查外，还可以通过设置"断点"的方式检查。设置"断点"，即在过程中的某个特定语句上确定一个位置点，以中断代码程序的执行。单击代码行左侧的灰条，会出现椭圆形实心点，即断点符号。代码运行到此行即自动停止，这时可以查看本地窗口所列的变量值（图4-31）。如要取消断点，只要再单击断点符号即可。

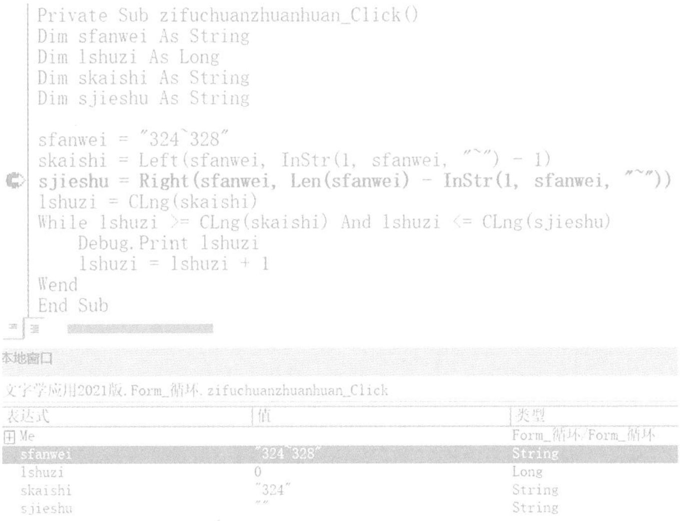

```
Private Sub zifuchuanzhuanhuan_Click()
Dim sfanwei As String
Dim lshuzi As Long
Dim skaishi As String
Dim sjieshu As String

sfanwei = "324`328"
skaishi = Left(sfanwei, InStr(1, sfanwei, "~") - 1)
sjieshu = Right(sfanwei, Len(sfanwei) - InStr(1, sfanwei, "~"))
lshuzi = CLng(skaishi)
While lshuzi >= CLng(skaishi) And lshuzi <= CLng(sjieshu)
    Debug.Print lshuzi
    lshuzi = lshuzi + 1
Wend
End Sub
```

本地窗口

文字学应用2021版.Form_循环.zifuchuanzhuanhuan_Click

表达式	值	类型
⊞ Me		Form_循环/Form_循环
sfanwei	"324`328"	String
lshuzi	0	Long
skaishi	"324"	String
sjieshu		String

图4-31 设置"断点"

3. 错误处理

要避免用户在使用数据库时出现代码运行错误，就需要在代码中添加错误处理代码。

例如，因出土文献材料残损、模糊不清等原因，古文字时常漫漶不清、无法辨认。这种情况下往往缺失对应的单字图片。这时，在窗体中用图像控件显示字形图片就会因在规定路径找不到图片而出现错误提示（图4-32）。单击"调试"，数据库就会进入VBE，并高亮显示出错的代码行。

Me.Image2.Picture = "E:\test.jpg"

Microsoft Visual Basic

运行时错误 '2220'：

Microsoft Access 无法打开文件 "E:\test.jpg"。

继续(C) 结束(E) 调试(D) 帮助(H)

图4-32 出错代码行及未找到图片的运行错误提示框

在原代码基础上，增加错误处理代码后，就可以避免这种情况。例如：

On Error GoTo cuowuchuli

Me.Image2.Picture = "E:\test.jpg"

cuowuchuli:

MsgBox Err.Description

上述代码首先用On Error 语句捕获错误，然后规定出错时的处理方式。这里用GoTo语句指明跳转到错误处理行。错误处理行则用MsgBox函数显示Err对象的Description，即错误的描述。也可以使用Exit Sub语句直接跳出当前过程。

修改后数据库只出现如图4-33所示消息框：

图4-33 错误处理代码后的消息框

除了GoTo语句以外，常见的错误处理方式还有：

（1）On Error Resume Next

通过忽略错误行，直接运行下一行。例如，找不到图片，直接忽略。

（2）On Error GoTo 0

使用On Error Resume Next语句后，会使后面所有的语句同样忽略错误行。有时并不希望做这样的处理。这时，可以使用On Error GoTo 0语句返回到默认的错误处理方式。

第二节
数据访问对象DAO

作为Access数据库应用程序，其核心功能是访问数据库中的数据。查询、窗体等提供了基本的数据访问能力。在VBA中，更复杂的数据访问则需要用到DAO和ADO。前者更为常用，后者在使用诸如SQL Server等外部数据源时更具优势。本节将在掌握VBA编程基本知识的基础上，介绍如何在代码中用DAO和ADO去控制和操作数据库中的数据，重点讨论DAO。

一　DAO对象

DAO（Data Access Objects，数据访问对象）是Access默认的数据库管理方式。使用DAO需要有Access database engine Object Library引用（图4-34），Access 2021默认此引用。早期版本的Access数据库则需要单独添加DAO Object Library引用，不同版本的Office的DAO版本也有差异。

图4-34　设置引用对象

引用对象可以在代码窗口"工具"菜单的"引用"项中查看和添加（图4-35）。

使用DAO可以进行完整的数据库数据访问，例如，创建数据库、新建或修改表以及查询的结构、遍历表中的所有记录、读取或修改表中的数据等。

图4-35 "工具"菜单的"引用"项

DAO由多个对象及其集合构成。最常用的对象及其集合有：

1. Databases集合。该集合可以包括多个数据库对象（Database）。访问数据库时首先要声明数据库变量，然后用OpenDatabase语句打开数据库。如：

```
Dim db As DAO.Database
Set db = OpenDatabase(" 金文语料库 ")
```

如果访问当前数据库中的数据，则可以使用CurrentDb方法：

```
Set db = CurrentDb()
```

确定指向当前数据库的变量之后，可以访问和处理 DAO 层次结构中的其他对象和集合。

数据库对象使用完毕之后，要关闭并清空数据库变量：

```
db.Close
Set db = Nothing
```

2. TableDefs集合。该集合包含数据库中的所有表对象（TableDef），它包含表结构的详细信息。

3. QueryDefs集合。该集合包含数据库中的所有查询对象（QueryDef），它包含查询结构的详细信息。

4. Recordsets集合。该集合包含数据库中的记录集对象（Recordset）只有在运行时才存在。Recordset 对象是访问数据库存储数据的最基本方式，表示从表或查询中返回的一组记录。

5. Fields 集合。该集合包含在 TableDef、Recordset 等对象中。例如，TableDef 对象包含该表中的所有 Field 对象。

这些对象具有层次结构，如果没有上级对象实例，下级对象将无法存在。例如，只有在拥有 Database 对象实例后，才能使用这个 Database 对象的 Recordset 等下级对象。因此，在打开 Recordset 对象之前，一定要先打开 Database 对象。而关闭 Database 对象之前，也要先关闭 Recordset 对象。

以上这些对象都有其属性和方法。例如，Recordset 对象具有 MoveNext（移到下一条记录）、MovePrevious（移到前一条记录）等移动记录指针的方法。对象都有 Name 属性，例如使用表对象的 Name 属性，将数据库中所有表的名称打印到立即窗口。代码如下：

```
Dim db As DAO.Database
Dim tbl As DAO.TableDef

Set db = CurrentDb()

For Each tbl In db.TableDefs
    Debug.Print tbl.Name
Next
db.Close
Set db = Nothing
```

二 DAO 记录集的使用

（一）创建记录集

在访问数据库数据时，记录集对象是最主要的方式。使用记录集之前必须首先声明记录集变量，然后用 OpenRecordset 方法创建记录集对象。记录集实际上就是包含行（记录）和列（字段）的数据结构。创建记录集的表达式为：

$$\textbf{OpenRecordset}(\textit{Name}, \textit{Type}, \textit{Options}, \textit{LockEdit})$$

除了第一个参数 Name，其余参数都是可选的。第一个参数可以是数据库中的表或查询的名称，也可以是 SQL 语句。该语句要用 "" 括起来，条件如果是字段名或变量，则需要写在 "" 外面。例如：

Set rstwenli = db.OpenRecordset("select * from 词义分析表_排序_2 where 统计字头 ='" & sci & "' and 读为 = '" & stong & "' order by 分卷序号,文献序号,章号,排序,句子序号,简内字序 ")

此语句中的 sci、stong 都是变量。

记录集可以同时创建多个，多个记录集可以在循环中嵌套使用。例如，打开两个记录集，第二个记录集嵌套在第一个记录集中。

```
Private Sub 记录集对象_Click()
Dim db As DAO.Database
Dim rstzi As DAO.Recordset
Dim rstju As DAO.Recordset

Set db = CurrentDb()
Set rstzi = db.OpenRecordset("字频表 ")
Do Until rstzi.EOF
    Debug.Print "【 " & rstzi!字头 & " 】" & rstzi!字频
    Set rstju = db.OpenRecordset("select * from 索引句表 where 字头 ='"
& rstzi!字头 & "'")
    Do Until rstju.EOF
        Debug.Print rstju.AbsolutePosition + 1 & "." & rstju!句子 & vbTab &
rstju!篇名 & rstju!简号
```

```
        rstju.MoveNext

        Loop

        rstju.Close

    rstzi.MoveNext

    Loop

    rstzi.Close

    db.Close

    Set db = Nothing

    End Sub
```

　　第一个记录集rstzi打开"字频表"，循环该记录集，在立即窗口打印用【】括起来的"字头"字段，并打印"字频"字段。在第一个记录集的循环结构中，以第一个记录集的"字头"字段作为SQL语句的条件，从"索引句表"中检索记录，作为第二个记录集rstju。对第二个记录集进行循环，并将此记录集中的"句子""篇名""简号"字段打印到立即窗口。"句子"前面用记录集的AbsolutePosition属性对句子进行编号，后面加一个【Tab】键以作分隔。

　　以上语句中，引用记录集的字段用符号！。记录集使用完毕要使用Close方法关闭。代码运行结果是一个索引，如下所示：

【作】9

1.壹（一）夫作言造語　　盜跖009

2.使天下之學士皆不反（返）孝苐（弟—悌）本作 盜跖011

3.堯【舜】作　　　盜跖024

4.旦春作官府償日者　漢律十六章094

5.購没入負償償日作縣官罪　　漢律十六章099

6.工官及爲作務官其工及冗作徒隸有罪　漢律十六章183

7.工官及爲作務官其工及冗作徒隸有罪　漢律十六章183

8.公士、公士妻以上作官府　　　漢律十六章237

9.輸作所官　漢律十六章240

OpenRecordset 创建记录集的第二个参数用来规定记录集的类型。记录集类型见表 4-2。

表 4-2　记录集类型表

记 录 集 类 型	类 型 常 量	说　明
动态集 Dynaset	dbOpenDynaset	可以进行一个或多个数据库表的操作。不仅能够返回表中的记录，还可以修改记录，这种修改将反映到原始表中。这是最常用、最通用的记录集形式。
表 Table	dbOpenTable	不能打开查询和链接的外部表。检索、添加、删除、修改等操作都直接在表上执行。当需要进行高速搜索时，使用这种记录集会更有效。
数据快照 SnapShot	dbOpenSnapShot	记录只读，速度较快。
仅向前 Forward Only	dbOpenForwardOnly	记录只读，仅向前移动记录。

OpenRecordset 创建记录集的第二个参数，用以规定记录集的打开方式。参数详见表 4-3。

表 4-3　记录集打开方式参数表 [1]

参　数	说　明
dbAppendOnly	允许用户向动态集内添加新记录，但是禁止用户读取现有记录。
dbConsistent	仅向不影响动态集内其他记录的字段应用更新（仅适用于动态集类型和快照类型）。
dbDenyRead	禁止其他用户读取记录集记录（仅适用于表类型）。
dbDenyWrite	禁止其他用户更改记录集记录。
dbExecDirect	在不首先调用 SQLPrepare ODBC 函数的情况下执行查询。
dbFailOnError	在出错时回滚更新。
dbForwardOnly	创建仅向前型滚动快照类型的记录集（仅适用于快照类型）。

---

[1]　此表来源于 Access 在线帮助中的 RecordsetOptionEnum 枚举（DAO）。

续　表

参　数	说　明
dbInconsistent	向所有的动态集字段应用更新，即使其他记录受到影响（仅适用于动态集类型和快照类型）。
dbReadOnly	以只读方式打开记录集。
dbRunAsync	异步执行查询。
dbSeeChanges	如果其他用户更改正编辑的数据，则生成运行时错误（仅适用于动态集类型）。
dbSQLPassThrough	向 ODBC 数据库发送 SQL 语句（仅适用于快照类型）。

（二）使用记录集的属性

记录集的边界用BOF（Beginning Of File）和EOF（End Of File）属性表示。当记录集中不包含任何记录时，BOF和EOF属性都是False。当包含至少一条记录时，两者的属性都是True。在使用无记录的记录集时，会提示出错。因此，在使用前最好先检查一下是否为空记录集。

```
If rst.BOF And rst.EOF Then
    MsgBox "空记录集"
End If
```

在移动记录指针超出边界时，也会发生错误。因此，对记录集中的记录进行循环需要以记录集的边界作为条件。例如：

```
Do While Not rst.EOF
    Debug.Print rst! 器名
rst.MoveNext
Loop
```

或者：

```
Do Until rst.EOF
        Debug.Print rst! 器名
rst.MoveNext
Loop
```

以上两个过程在立即窗口中打印每条记录的"器名"字段值，直到记录集的末尾。

使用记录集的RecordCount属性可以返回记录的数量。直接用表名打开记录集时，可以直接返回记录数量。而用SQL语句打开记录集时，此属性只能返回已经访问过的记录数量。因此，要统计记录集的记录总数时，需要先用MoveLast方法将记录移到记录集的最后一条记录。

确定记录集中当前记录的位置，可以使用记录集的AbsolutePosition属性。需要注意的是，它从0开始计算，也就是说第一条记录的AbsolutePosition属性是0。判断当前记录是否为记录集的最后一条记录，可以使用AbsolutePosition+1是否等于RecordCount。直接用表名打开记录集时，只有动态集和数据快照支持这一属性，因此需要规定记录集类型参数。

对打开的记录集进行排序，可以使用记录集的Sort属性。如果需要降序排列，可用DESC关键字。排序后需要重新打开记录集，排序和筛选才能生效。例如：

```
rst.Sort = "器名 DESC"
Set rst = rst.OpenRecordset
```

对打开的记录集进行进一步的数据筛选，可以使用记录集的Filter属性。筛选后也需重新打开记录集。例如：

```
rst.Filter = "器类名称='篮'"
Set rst = rst.OpenRecordset
```

在打开的记录集中存储当前位置，等完成一些操作后再回到原来的位置时，可以使用记录集的Bookmark（书签）属性。当创建或打开 Recordset 对象时，它的每条记录都会拥有一个唯一的书签。如果要为当前记录以外的其他记录创建书签变量，需先移到相应的记录。Recordset 中可建立的书签数量没有限制。

以下代码是使用Bookmark的实例。该代码在用消息框显示当前记录的位置和器名之后，将记录的Bookmark属性的值赋给变量vmark，以保存当前记录的书签。然后执行FindFirst方法，找到后，当前记录的位置已经发生变化。这时，将 Recordset 对象的 Bookmark 属性设置为变量vmark 的值，即可返回到原先的记录。前后两次消息框中显示的记录位置和器名是一样的。

```
Dim rst As DAO.Recordset
Dim vmark As Variant

MsgBox rst.AbsolutePosition & rst!器名
vmark = rst.Bookmark

rst.FindFirst "器名='史寏簋'"
MsgBox rst!释文

rst.Bookmark = vmark
MsgBox rst.AbsolutePosition & rst!器名
```

（三）记录的移动和查找

在记录集中移动当前记录的位置，可以使用表4-4所列的方法。移动记录位置也要注意检查是否超过记录集的边界。

表4-4　记录移动方式

方 法 名	移 动 方 式
MoveFirst	移到记录集的首记录
MoveLast	移到记录集的尾记录

方　法　名	移　动　方　式
MoveNext	往前移动一条记录（向文件的末尾处移动）
MovePrevious	往后移动一条记录（向文件的开头处移动）
Move (n)	移动指定数量的记录。n代表位置移动的行数。如果n > 0，则位置向前移。如果n < 0，则位置向后移。

在打开的记录集中查找记录，可以使用FindFirst方法。此方法查找符合指定条件的第一条记录，并使该记录成为当前记录。例如：

rst.FindFirst " 器名 =' 史奂篦 '"

与 SQL 语句中的条件子句相比，只是少了单词 Where。

（四）使用窗体记录集

虽然窗体显示数据比较直观，也比较方便人工定位，但是对窗体记录的自动化处理依然需要用到记录集。引用窗体的原始记录集时，可以使用窗体的 Recordset 属性，并可以使用 Bookmark 确保窗体记录与窗体原始记录集同步。以下代码将当前窗体记录集作为 DAO 记录集变量，在立即窗口打印 10 条"说解"字段的记录值，窗体所显示的记录将与 DAO 记录集记录保持同步。

```
Dim rst As DAO.Recordset
Dim ljilu As Long

Set rst = Me.Recordset
For ljilu = 1 To 10
    If Not rst.EOF Then
        Me.Bookmark = rst.Bookmark
            Debug.Print rst!说解
        rst.MoveNext
    End If
Next ljilu
```

（五）修改记录集中的记录

记录集中的数据不仅可以读取使用，还可以进行修改。修改记录集中的数据需要用到记录集的多个方法。

1. AddNew

AddNew方法用于向记录集中添加新记录。添加记录需逐个字段填入数据值。例如：

```
Dim rstzi As DAO.Recordset
With rstzi
    .AddNew
    !字序 = izi
    !字 = szi
    !器号 = rst! 器号
    .Update
End With
```

此段代码先用AddNew方法使记录集进入增加新记录的状态，然后将变量izi、szi以及来自记录集rst的"器号"字段值分别填入rstzi记录集的字序、字、器号字段，最后用Update方法更新记录集原始表中的数据，新记录数据将添加在原始表的末尾。需要注意的是，使用Update方法前原始表中的数据不会被改变。

2. Edit

Edit方法用于修改记录集，包括修改字段内容、在空字段中填入内容等。例如：

```
Dim rst As DAO.Recordset
With rst
    .Edit
    !说解 = Replace(rst! 说解 , " 眞 ", " 真 ")
    .Update
End With
```

此段代码将"说解"字段中的旧字形"眞"替换为新字形"真"。先使用Edit方法使记录集进入修改状态，再用Replace函数修改字段内容，最后用Update方法更新记录集原始表中的数据。需要注意的是，修改记录时不会有系统提示。

3. Delete

Delete方法用于删除记录集的记录。例如：

```
Dim rst As DAO.Recordset
Do Until rst.EOF
    If rst!部首ID = 1 Then
        rst.Delete
    End If
rst.MoveNext
Loop
```

此段代码将记录集中"部首ID"字段值为1的记录删除。特别需要注意的是，删除的记录不可恢复。另外，除非删除的记录违反了参照完整性，否则数据库不会提示或确认记录的删除。因此，执行此方法需要特别谨慎。建议同样的操作尽量使用查询进行，以便对需删除的记录进行确认。

三　DAO数据库对象的创建和修改

使用DAO可以创建、修改或删除表、查询等数据库对象。

创建表的过程比较复杂，涉及表中的字段。因此，在用CreateTableDef定义表之后，要用Createfield方法向表中添加字段，添加字段时须指定字段名称及数据类型，[①]然后再将表添加到TableDefs集合。例如：

---

① 使用DAO创建表时，定义的字段类型名称前有"db"或"db_"前缀。如文本类型为dbText/db_Text，长整型为dbLong/db_Long。

```
Sub CreateTable()
    Dim db As DAO.Database
    Dim tbl As DAO.TableDef
    Dim fld As DAO.Field


    Set db = CurrentDb()
    Set tbl = db.CreateTableDef(" 创建新表 ")
    With tbl
        .Fields.Append .CreateField("字段 1", DB_TEXT)
        .Fields.Append .CreateField("字段 2", DB_LONG)
    End With
    db.TableDefs.Append tbl


    db.Close
    Set db = Nothing
End Sub
```

该段代码创建一个名为"创建新表"的表，共有"字段1""字段2"两个字段，数据类型分别为短文本和数字。

添加表到TableDefs集合时，如果集合中已经存在一个同名表，就会产生一个错误。这时可以先删除原表。删除表可以使用Delete方法，例如：

```
Sub DeleteTable()
    Dim db As DAO.Database


    Set db = CurrentDb()
    db.TableDefs.Delete " 创建新表 "
```

```
        db.Close

        Set db = Nothing

    End Sub
```

使用DAO创建查询时，首先要用CreateQueryDef方法创建新的查询定义，然后设置该查询的SQL语句。例如：

```
Sub CreateQuery()
        Dim db As DAO.Database
        Dim qdf As DAO.QueryDef


            Set db = CurrentDb()
            Set qdf = db.CreateQueryDef("西周中期金文")
            qdf.SQL = "select * from 商周金文表 where 时代 ='西周中期'"


        db.Close

        Set db = Nothing
    End Sub
```

该段代码创建一个名为"西周中期金文"的查询，用SQL语句指明源表为"商周金文表"，条件为"时代"字段等于"西周中期"。

第三节

数据访问对象ADO

ADO是 ActiveX Data Objects 的缩写，即 ActiveX 数据访问对象的简称。ADO使用前需要添加 ADO 库的引用（图 4-36）。

图4-36　设置引用ADO对象库

ADO支持多种数据源的访问。不过对于个人 Access 数据库使用而言，这一功能并不常用。因此，这里只简单介绍 ADO 对象。详细可参 Access 在线帮助《Microsoft Activex 数据对象（ADO）程序员指南》。

与DAO对象不同的是，ADO对象没有层次结构。ADO对象主要有 Connection 对象、Command 对象以及 Recordset 对象。

一　Connection对象

Connection对象是ADO数据操作的前提条件。只有创建了Connection对象，才能使用Command对象和Recordset对象。

Connection对象在使用前必须先进行声明，并实例化，然后再用Open方法打开连接。下面语句声明ADO Connection对象变量conct，实例化后打开当前数据库连接。

```
Dim conct As ADODB.Connection
Set conct= New ADODB.Connection
conct.Open CurrentProject.Connection
```

ADO连接使用完成后需要关闭连接，释放内存。

```
conct.Close
Set cont=Nothing
```

 ## Command对象

Command对象是对Connection对象打开的数据源执行的命令。使用时也必须先声明、实例化，然后设置其ActiveConnection和CommandText两种属性。CommandText属性可以是数据源中表的名称、查询的名称，大多是SQL语句。完成Command对象的属性设置后，即可通过其Execute方法填充记录集。示例代码如下：

```
Dim cmd as ADODB.Command
Set cmd=New ADODB.Command
cmd.ActiveConnection=CurrentProject.Connection
cmd.CommandText="Select * from篇名 where 篇名='伍'"
set rst=cmd.Execute
rst.Close
Set cmd=Nothing
```

代码第3行为指定Command对象的连接，第4行为指定数据源。

Recordset对象

Recordset对象使用时也必须先声明，并实例化，然后可以在Open方法中用SQL语句选择记录填充记录集。示例代码如下：

```
Dim rst As ADODB.Recordset
Set rst = New ADODB.Recordset
rst.open "select * from 篇名 ",CurrentProject.Connection
rst.Close
Set rst=Nothing
```

上述代码打开"篇名"表。打开记录集后，可以用Debug.Print rst.GetString语句检查连接及记录集是否正常。如果正常，立即窗口将打印出记录集所有记录的内容（图4-37）。

1	3S_01	壹	壹	3S_01_01	肩水金關T1	3S
2	3S_01	壹	壹	3S_01_02	肩水金關T2	3S
3	3S_01	壹	壹	3S_01_03	肩水金關T3	3S
4	3S_01	壹	壹	3S_01_04	肩水金關T4	3S

图4-37 立即窗口中打印记录集

打开记录集时，也可以先指定记录集的ActiveConnection属性。

```
rst.ActiveConnection = CurrentProject.Connection
rst.Open "select * from disc 篇名 "
```

Recordset对象Open方法的其他两个参数决定了记录集的类型（图4-38）。

```
rst.Open "select * from 篇名",|
    Open([Source], [ActiveConnection], [CursorType As CursorTypeEnum = adOpenUnspecified], [LockType As LockTypeEnum =
    adLockUnspecified], [Options As Long = -1])
```

图4-38 Open方法参数决定记录集类型

CusorType参数决定记录集游标的移动方式，以及能否看到其他用户的修改。默认值adOpenForwardOnly只能向前移动记录集游标，不能看到其他用户的修改。这种方式可以高效使用系统资源。LockType参数决定多用户使用时记录的锁定方式。默认值adLockReadOnly不允许对记录集进行修改。如果需要修改记录集，可以设置其他值，例如adLockOptimistic，只在运行Update方法时锁定记录。ADO修改记录时不需要先执行Edit方法。

第四节
VBA窗体控件使用示例

第三章中讨论的窗体及控件主要涉及外观形态、布局等，要充分发挥其功能，需要使用VBA代码对控件进行控制操作，包括在控件的不同事件中动态修改控件属性、使用不同方法操作控件等。本节举例说明一些控件在VBA中的具体应用。

一　使用组合框更新窗体记录集

组合框常用于窗体记录的筛选。例如，在包含多种秦汉简帛文献的数据库中，根据组合框中所选择的文献名称显示相应的记录（图4-39）。

图4-39　组合框中的秦汉简帛文献名称记录

可以在组合框的AfterUpdate事件中使用窗体的Filter属性来完成：

```
Private Sub Combo2_AfterUpdate()
    Me.Filter = "文献编号 = '" & Combo2.Value & "'"
    Me.FilterOn = True
End Sub
```

也可以建立一个查询，这里命名为"查询_秦汉简帛_分文献"，以窗体中的组合框作为"文献编号"字段的条件：

〔Forms〕!〔简单位窗体〕!〔Combo2〕

在组合框的AfterUpdate事件中重新设置窗体的记录源属性，并刷新页面，代码如下：

```
Private Sub Combo2_AfterUpdate()
    Me.RecordSource = "查询_秦汉简帛_分文献"
    Me.Refresh
End Sub
```

二　使用图像控件

图像控件在VBA代码中可以用来实时显示出土文献拓片、照片，传世字书扫描页面等图像数据。根据数据库设计原则，这些图像不方便直接存储在数据库中，而需要独立存放在图像文件夹中，通过VBA代码在窗体中实时调用。

此处以第三章中所举的北大汉简示例窗体为例（图3-20），说明图像显示代码。

1. 窗体右侧简图版的实时显示

```
Private Sub Form_Current()
    Dim slujing_jian As String
    slujing_jian = "E:\图版\简\39\"
    Me.tu_jian.Picture = slujing_jian & Me.新简号 & ".jpg"
End Sub
```

此段代码定义了窗体Current事件中的简图版的路径变量，窗体的"新简号"控件显示的是简的主关键字段，也是对应简图版的文件名。将图像控件tu_jian的Picture属性设置为完整图片路径和文件名后，即可在移动窗体记录时显示当前记录的简图版。

2. 使用超链接打开图像应用软件

窗体图像控件中显示的图像时常不够大，需要用专业的图像应用软件打开，以调整大小、比例等。这时可以使用控件的超链接地址属性。

```
Private Sub tu_jian_Click()
        slujing_jian = "E:\图版\简\39\"
        Me.tu_jian.HyperlinkAddress = slujing_jian & Me.新简号 & ".jpg"
End Sub
```

此过程在单击显示简图版的图像控件时，便会打开计算机中默认的看图软件，显示当前图版。

3. 字表子窗体中当前记录字形的显示

通过VBA代码，在连续子窗体的图像框控件中调用文件夹独立图片，所有记录显示的都是同一张图片，即当前记录的字形图片（图4-40）。

數據庫簡號	字號	釋字字形	
39_01_01_01_001	39_01_01_01_001_001	祿	禅
39_01_01_01_001	39_01_01_01_001_003	寬	祥
39_01_01_01_001	39_01_01_01_001_004	惠	祥

图4-40　子窗体字形图片的显示

因此，只需在主窗体中显示子窗体当前记录的字形图片。

```
Dim slujing_zi As String
Forms![简单位窗体].tu_zi.Picture = slujing_zi & Me.字号 & ".jpg"
```

此段代码写在子窗体的Form_Current事件中，引用数据库窗体集合中主窗体"简单位窗体"的图像控件，设置其Picture属性。这样，随着子窗体的记录移动，主窗体中字形图像控件能够动态显示相应的图片。

4. 同时显示多条记录的字形图片

由于连续窗体难以同时显示存储在独立文件夹中的多条记录的图片，不利于字形对比、字形选择等操作。因此，可以设计用多个图像控件同时显示多条记录图片的界面（图4-41）。

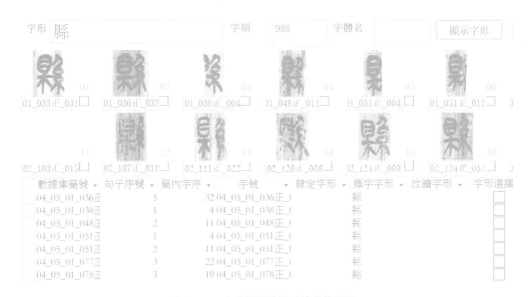

图4-41 多字形图片显示的窗体界面

该界面子窗体中显示主窗体字头的所有字形记录。主窗体中设计了20个图像控件。点击"显示字形"按钮时，根据子窗体记录集，依次显示20条记录的字形图片。下面是第一个图像控件的字形显示代码示例。

```
Dim rst As DAO.Recordset
Dim szihao As String
Set rst = Me.字形子窗体.Form.RecordsetClone
    szihao = rst!字号
    Me.zihao1 = szihao
```

```
If Dir("E:\字形\" & szihao & ".jpg") <> "" Then
      Me.zixing1.Picture = "E:\字形\" & szihao & ".jpg"
Else
      Me.zixing1.Picture = ""
End If
   Me.字形子窗体.Form.Bookmark = rst.Bookmark
   rst.MoveNext
```

以上代码设置DAO记录集rst为子窗体记录集。读取记录集的"字号"字段，并填入对应字形下方的文本框。用Dir函数判断以"字号"字段值为文件名的图片是否存在，如果存在，则作为字形图像控件的Picture属性，从而显示该字形。完成一个字形图像框的字形显示后，用Bookmark属性同步子窗体记录和rst记录集记录。向前移动一条记录，则在第二个图像框中显示相应字形图片。

点击其中一个字形下的复选框做出字形选择后，可以将选择结果写入子窗体的记录中。

```
Private Sub xuanze1_AfterUpdate()
    rst.FindFirst "［字号］= '" & Me.zihao1 & "'"
    If Me.xuanze1.Value = -1 Then
        With rst
            .Edit
            !选择 = -1
            .Update
        End With
    Else
        With rst
            .Edit
            !选择 = 0
```

```
                    .Update
                End With
            End If
        End Sub
```

以上代码根据"字号"找到子窗体中的相应记录，依照用户的选择修改"选择"字段值。

第五节

VBA文本处理示例

文本处理是文字学数据库的最常见操作。例如，在数据库建设过程中，需要将一段文本切分为字单位，以便对字进行属性标记。这里介绍运用前面讲到过的函数进行这一文本处理的具体方法。

日常的普通文本一般一个字符即一个字，而出土文献的释文文本常常会使用一些符号标记隶定字形、语境中的改读字形、讹字、衍文、补字、漏字、残字等，如学术界一般使用"（　）"标记隶定、改读，使用"〈　〉"标记讹字。例如，张家山336号墓汉简《盗跖》篇34简中的一段文本："枸〈抱〉樑（梁）柱而死登（申）徒易（易-狄）非世立名"。此段文字中，"枸〈抱〉"标记讹字，"樑（梁）"标记异体，"登（申）"标记改读，"易（易-狄）"标记异体并改读。因此，在切分单字记录单位时，均需要将"〈　〉""（　）"里面的字符连同前面的汉字整体作为一个记录单位。

文本处理的代码流程见图4-42。

具体代码如下：

```
Dim szi, sshiwen As String
Dim izuo, iyou, izi As Integer


sshiwen = "枸〈抱〉樑（梁）柱而死登（申）徒易（易-狄）非世立名"
For izi = 1 To Len(sshiwen)
    szi = Mid(sshiwen, izi, 1)
    Select Case Mid(sshiwen, izi + 1, 1)
        Case "("
            izuo = izi
```

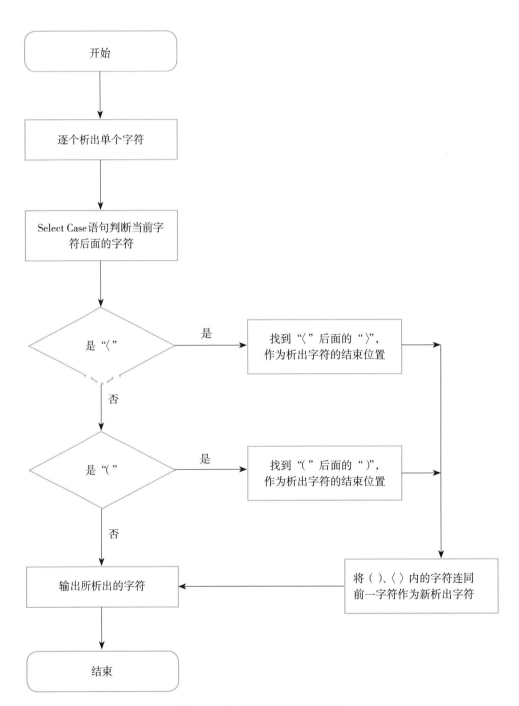

图4-42 文本切分代码编写流程图

```
            iyou = InStr(izi + 1, sshiwen, " ）")
            szi = Mid(sshiwen, izuo, iyou − izuo + 1)
            Debug.Print "字符序号：" & Right("00" & izi, 3) & vbTab
& szi

            izi = iyou
        Case " 〈 "
            izuo = izi
            iyou = InStr(izi + 1, sshiwen, " 〉 ")
            szi = Mid(sshiwen, izuo, iyou − izuo + 1)
            Debug.Print "字符序号：" & Right("00" & izi, 3) & vbTab
& szi

            izi = iyou
        Case Else
            Debug.Print "字符序号：" & Right("00" & izi, 3) & vbTab
& szi

        End Select
    Next izi
```

代码将文本切分结果输出到立即窗口（图4-43）。

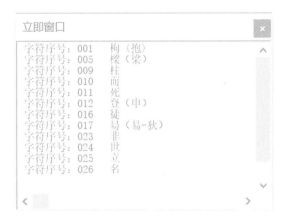

图4-43　文本切分结果示例

第五章
基于Access的文字学工具书自动化编纂

Microsoft Word是常用的个人办公文字处理软件。作为Microsoft Office套件，Word与Access之间有十分良好的交互性。利用VBA代码，可以很轻松地将Access中的数据按照需要的格式输出到Word，也可以将Word中的数据导入Access。

计算机技术使文字学工具书的编纂出版已走出了手抄本的时代。但是，出版社专用的排版系统与Word等个人文字处理系统之间的对接转换常常并不顺利，使得古文字工具书的排版费时费力。Access数据库能够储存海量的文字学数据，利用这些数据，通过VBA代码充分挖掘Word的各项功能，在Word中实现文字学工具书编纂的自动化，可以极大地提高工具书的编纂工作效率。同时，也能通过代码精确版面控制，确保其外观和格式的一致性，以便排出比较理想的工具书版式。

因此，本章在讨论工具书的自动化编纂之前，需要先了解VBA中有关Word的部分内容。

自动化编纂

第一节
Word接口的使用

Access数据库"外部数据"功能区的
"其他"菜单提供了将数据表或查询导出
到Word的RTF格式文件的功能（图5-1），
能够实现数据导出为简单的表格形式。例

图5-1 "导出到RTF文件"命令

如，《秦汉简帛文献断代用字谱》中的《用字频率断代对照总表》就是从数据库中
直接导出的。

Word表格里的数据也可以直接复制粘贴到Access数据表。但是复杂的互动操作
则需要代码来完成。

要在Access中利用代码控制Word应用程序，需要先在VBE窗口"工具"菜单
的"引用"中添加Word引用（图5-2）。不同版本Office的Word引用版本不同，需

图5-2 设置Word引用

要根据实际情况添加。添加了高版本引用的Access数据库，到了低版本的运行环境，引用可能会丢失，因此在调试或运行中Word相关的变量或关键字显示未定义时，需要重新添加引用。

Word提供了宏录制的功能，在"视图"菜单的"宏"工具中开启"录制宏"（图5-3），在"录制宏"窗口中可以修改系统自动输入的宏名称（图5-4）。点击"确定"后，Word中闪烁的插入点会变成带磁带形状的箭头，这时进行输入文字、设置格式等操作，Word将对键盘和鼠标所做的操作进行记录，并自动转换成VBA代码。因此，操作Word的相关代码均可以通过宏录制获得，在此基础上再做一些必要的修改，即可形成符合个性功能需求的代码。

图5-3 运行"录制宏"命令

图5-4 "录制宏"窗口进行命名、保存操作

完成所需操作后，点击"停止录制"（图5-5），按【ALT】+【F8】组合键或"查看宏"，在"宏"窗口中选择所录制的宏（图5-6），点击"编辑"按钮，即可进入Word的VBE窗口。

图5-5　运行"停止录制"命令

图5-6　宏窗口中选定录制的宏

在启动录制宏后，输入了4个汉字："输入文字"，并设置其字体为隶书，字号为三号字。以下即是宏录制的代码：

```
Sub 宏2()
        Selection.TypeText Text:="输入文字"
        Selection.Font.Name = "隶书"
        Selection.Font.Size = 16
End Sub
```

一 Word对象

Word 提供了许多可以访问的对象。Word在线帮助列举了全部的对象模型（图5-7）。这些对象均具有多种方法和属性，在VBA代码中可以凭借这些方法和属性操作对象。这些对象具有层次结构，在引用下级层次对象前要先引用上级对象。因为有多种方法可以访问相同类型的对象，所以对象之间存在重叠。

1. Application 对象

Application 对象表示 Word 应用程序的当前实例，是Word对象层次结构的顶端。使用Word的其他对象之前需要先启动此对象。

以下示例定义并实例化一个新的Word应用，然后打开一个空白文档，并使应用程序可见。最后关闭文档，退出Word应用，并清空Word应用变量。

图5-7 Word对象模型

```
Dim wordapp As New Word.Application
Dim worddoc As Word.Document


Set worddoc = wordapp.Documents.Add
wordapp.Visible = True
worddoc.Close
wordapp.Quit
Set wordapp = Nothing
```

如果不需要操作大量的Word文档，也可以不定义应用程序变量，直接操作Word。例如：

自动化编纂

Word.Documents.Add

要在Access数据库中通过代码控制 Word 环境，可以使用Application对象的属性和方法。例如，Word应用程序的Documents属性返回Documents集合，代表所有打开的文档。

MsgBox Word.Documents.Count

此语句用消息框显示Word中已经打开的文档数量。

2. Document对象

Document对象表示一个Word文档及其所有内容，它是Documents集合的成员。当打开文档或创建新文档时，将创建新的Document对象，添加这个新对象到Documents集合。在Word中，可以使用文档名称或索引号引用此集合中的成员。例如：

Documents(" 文档1").Close SaveChanges:=wdDoNotSaveChanges

此语句以不保存对文档所作修改的方式关闭"文档1"。

当前活动文档即焦点所在的文档，可以通过Application对象的ActiveDocument只读属性来引用。例如：

MsgBox Word.ActiveDocument.Name

此语句用消息框显示当前活动文档的名称。

```
If Word.ActiveDocument.Saved = False Then
    Word.ActiveDocument.Save
End If
```

以上语句引用当前活动文档的Saved属性检查所修改内容是否已保存，如未保存，则用Save方法保存该文档。

Document对象的BuiltInDocumentProperties属性可以返回所有的内置文档属性，

包括段落数、页数、字符数等信息。以下三行语句分别返回当前活动文档的页数、字符数、段落数。

Word.ActiveDocument.BuiltInDocumentProperties(wdPropertyPages)

Word.ActiveDocument.BuiltInDocumentProperties(wdPropertyCharacters)

Word.ActiveDocument.BuiltInDocumentProperties(wdPropertyParas)

Word应用程序界面的"视图"菜单中的"新建窗口"可以将文档建成两个内容完全同步的窗口，便于操作文档的不同区域。同时，使用Application对象的NewWindow方法，也可以打开同一文档的一个新窗口。文档的不同窗口中，拥有焦点的窗口只能有一个。这个焦点所在的窗口，即当前活动窗口，可以通过Application对象的ActiveWindow只读属性来引用。例如：

MsgBox Word.ActiveWindow.Caption

此行代码表示用消息框显示当前活动窗口的标题。在"文档1"的两个窗口中，右侧标题编号为2的是活动窗口（图5-8），此时消息框显示的内容为"文档1-2"。

图5-8 "文档1"的两个窗口

3. Selection对象

Selection 对象表示文档窗口或窗格中当前选择的任何区域，如果未选择文档中的任何内容，则代表插入点。整个应用程序中只能有一个活动的 Selection 对象。Selection 的类型可以用其 Type 属性返回。表 5–1 为所选择的 Selection 区域类型与 Type 属性值的对应表。

表 5–1　Selection 区域类型与 Type 属性值对应表

区域类型名称	值	说　明
wdNoSelection	0	没有选定内容
wdSelectionBlock	6	列方式选定
wdSelectionColumn	4	列选择
wdSelectionFrame	3	框架选择
wdSelectionInlineShape	7	内嵌形状选择
wdSelectionIP	1	内嵌段落选择
wdSelectionNormal	2	标准的或用户定义的选择内容
wdSelectionRow	5	行选择
wdSelectionShape	8	形状选择

文档中的 Selection 对象始终存在。Selection 对象可以通过多种方法引用。以下三个语句都是对当前活动窗口中的 Selection 对象的引用。

```
Word.Selection
Word.ActiveDocument.ActiveWindow.Selection
Word.ActiveWindow.Selection
```

Selection 对象有选中内容和没有选中内容两种状态。当没有选中文档中任何内容时，Selection 对象表示插入点，即文档中竖线光标闪烁的地方。Selection 可以通过其 Collapse 方法折叠为没有选中内容，也可以通过其 Expand 方法扩展为选定内容。

Collapse 方法有两个 WdCollapseDirection 常量：wdCollapseEnd 和 wdCollapseStart。例如：

Word.Selection.Collapse (wdCollapseEnd)

此语句将Selection向后折叠为插入点。

Expand方法有多个WdUnits常量，例如，wdStory（选中整个文档）、wdParagraph（选中当前段落）、wdSentence（选中以句号"。"为分隔单位的当前句子）。

例如：

Word.Selection.Expand (wdStory)

此语句扩展Selection至整个文档。ActiveDocument的Select方法也能选中整个文档。以下语句选中整个文档，然后将插入点向前折叠至文档开头。

Word.ActiveDocument.Select

Word.ActiveWindow.Selection.Collapse (wdCollapseStart)

使用Selection的GoToNext方法可以将Selection往正前方移动。例如，GoToNext(wdGoToTable)，移到下一表格；GoToNext(wdGoToPage)，移到下一页。

通过Selection的Text属性可以返回或设置选定内容中的文本。当没有选中任何内容时，Text属性将返回插入点之后的字符。虽然可以按住【Ctrl】键选定不相邻的多个文本块，并复制、粘贴（包括使用Selection的Copy、Paste方法）这些选中的全部文本块，但是Selection对象的Text属性只返回最后选择的那个文本块。

VBA代码中通过设置Selection对象的Text属性在文档中输入文字时，如果Selection对象有选中的文本，所选文本将被替换。因此，需要先将Selection折叠为插入点，再输入新的文本内容。

Selection的Information属性返回所选择的内容或者区域的信息。例如：

Word.Selection.Information(wdActiveEndPageNumber)

Word.Selection.Information(wdNumberOfPagesInDocument)

Word.Selection.Information(wdWithInTable)

第一行语句返回Selection结束位置的页码。第二行语句返回所在文档的页数，这与BuiltInDocumentProperties(wdPropertyPages)返回的结果一致。第三行语句返回的是布尔值，如果是True，则该Selection在表格中；如果是False，则不在表格中。

4. Bookmark对象

Bookmark（书签）对象是文档中某一特定部分的标记。利用书签，可以定位相应内容的位置，也可以实现Word文档内部的超链接跳转，并在"导航"中自动生成标题（图5-9），自动生成目录。[①]

也可以在转换成PDF文件时自动生成书签。图5-10为转换选项，图5-11为转换后的书签显示结果。

图5-9　"导航"中自动生成目录　　　图5-10　Word转换PDF的"选项"对话框

---

① 我们对利用文档内部超链接和书签编纂古文字电子工具书有过讨论。详参张再兴：《一种集成型古文字电子工具书的设计》，《中国文字研究》第21辑，上海书店出版社，2015年。

 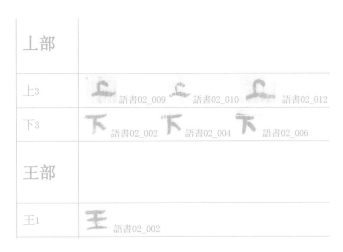

图5-11　完成PDF转换的书签显示

Bookmark 对象可以通过Bookmarks集合的序号或者Item、Name属性进行引用，Item的初始编号为1。例如：

MsgBox ActiveDocument.Bookmarks(1).Name

MsgBox ActiveDocument.Bookmarks.Item(1).Name

ActiveDocument.Bookmarks(" 书签1").Select

ActiveDocument.Bookmarks.Item(" 书签1").Select

第一、二个语句用消息框显示当前活动文档中第一个书签的名称。第三、四个语句选中当前活动文档中名为"书签1"的书签。

Bookmark 的名称不能超过 40 个字符，不能用阿拉伯数字开头，名称中也不能有空格，不能出现+、－、/、\、？、%、^、&、*以及半角的,、.和( )、［　］等符号。

通过 Word用户界面"插入"菜单中的"书签"命令（图5-12），调出"书签"对话框窗口插入 Bookmark（图5-13）。此对话框也可以删除、定位书签。

这一对话框窗口也可以通过下面的语句调出：

Dialogs(wdDialogInsertBookmark).Show

自动化编纂

图5-12　"书签"命令　　　　　图5-13　运行"书签"命令对话框

在VDA中可以使用Bookmarks集合的Add方法添加书签。添加书签需要规定范围。例如：

ActiveDocument.Bookmarks.Add　Range:=ActiveDocument.Paragraphs(1).
Range, Name:="第1段"

此语句是在当前活动文档的第一个段落上添加一个名为"第1段"的书签。

如果Range是当前Selection，默认可以省略。此Selection可以是选中的内容范围，也可以仅仅是插入点。

ActiveDocument.Bookmarks.Add Range:=Selection.Range,Name:="书签1"
ActiveDocument.Bookmarks.Add Name:="书签1"

以上两行代码功能相同，都是在当前活动文档的当前Selection对象中插入一个名为"书签1"的书签。

删除书签可以使用Delete方法，代码如下：

```
Dim bk as Bookmark
For Each bk In Word.ActiveDocument.Bookmarks
    If Left(bk.Name, 1) <> "_" Then
        bk.Delete
    End If
Next bk
```

上述语句针对当前活动文档的Bookmarks集合中的所有书签进行循环，如果书签名称不是以下划线"_"开头的隐藏书签，则删除该书签。

可以使用Bookmarks的Exists方法判断书签是否存在。Selection的GoTo方法则可以定位书签。例如：

```
If ActiveDocument.Bookmarks.Exists(" 书签 1") = True Then
    Selection.Goto What:=wdGoToBookmark, Name:=" 书签 1"
End If
```

以上语句首先判断当前活动文档中是否存在名称为"书签1"的书签，如果存在，则定位到该书签。

可以通过BookmarkID是否为0判断当前范围有无书签。以下语句判断当前Selection有无书签，如果没有，则用消息框显示"当前位置没有书签"。如果有，则显示该书签的名称。

```
If Selection.BookmarkID = 0 Then
    MsgBox "当前位置没有书签"
Else
    MsgBox ActiveDocument.Bookmarks(Selection.BookmarkID − 1).Name
End If
```

自动化编纂

可以通过在某个Range中插入超链接的方法建立定位到Bookmark对象的超链接。例如：

ActiveDocument.Hyperlinks.Add   Anchor:=Selection.Range,   Address:="",
SubAddress:=" 书签1", ScreenTip:="", TextToDisplay:=""

上述语句是在当前活动文档的Selection中插入定位到"书签1"的超链接。

可以将书签打印在Word文档中，从而形成一个索引。以下代码即在当前活动窗口插入当前活动文档中的所有书签，及其所在的文本、页码，并且嵌入到达该书签的超链接。

```
Dim bk As Bookmark

For Each bk In Word.ActiveDocument.Bookmarks
    If Left(bk.Name, 1) <> "_" Then
        If Left(bk.Name, 1) = "y" Then
            With Word.ActiveWindow.Selection
                .Text = bk.Range.Text & bk.Range.Information(wdActive
EndPageNumber) & "    "
                    .Hyperlinks.Add    Anchor:=Selection.Range,
Address:="",    SubAddress:=bk, ScreenTip:="", TextToDisplay:=""
                    .Collapse (wdCollapseEnd)
            End With
        End If
    End If
Next bk
```

5. Range对象

Range对象表示文档中的一个连续区域，它通过Document对象的Range方法，指定一个起始字符位置和一个终止字符位置来定义。

```
Dim myRange As Range
Set myRange = ActiveDocument.Content
Set myRange = ActiveDocument.StoryRanges(wdMainTextStory)
Set myRange = Word.ActiveDocument.Range (Start:=ActiveDocument.
Content.Start, End:=ActiveDocument.Content.End)
```

以上三个语句是等价的，设定Range类型的变量myRange的范围为当前活动的整个文档。

```
Set myRange = ActiveDocument.Range(ActiveDocument.Paragraphs(2).
Range.Start, ActiveDocument.Paragraphs(4).Range.End)
```

以上语句定义Range对象myRange为当前活动文档的第2至第4段落。

```
Set myRange = ActiveDocument.Sentences(4)
```

以上语句定义Range对象myRange为当前活动文档的第4个句子。

```
Set myRange = ActiveDocument.Range(Start:=0, End:=9)
```

以上语句定义Range对象myRange为当前活动文档开头的9个字符。

```
Set myRange = ActiveDocument.Range(Start:=0, End:=0)
```

以上语句定义Range对象myRange为当前活动文档的开头。

使用其他对象的Range属性也可以返回Range对象。例如：

```
ActiveDocument.Paragraphs(1).Range.Bold = True
```

以上语句将当前活动文档中的第1段作为Range，设置此Range的字体为粗体。

定义好的Range对象也可以通过Start和End属性返回该对象的开始和结束位

置。如：

MsgBox Selection.Range.Start

Range 对象与 Bookmark 对象有相似的地方，都可以用来标记文档的某个特定部分。但是 Bookmark 插入以后可以随文档保存，而 Range 对象只在定义该对象的过程运行时才存在。Bookmark 一般用来定位，Range 则用来对其中的内容进行格式或内容设置等操作。例如：

ActiveDocument.Paragraphs(2).Range.ParagraphFormat.Alignment = wdAlignParagraphRight

此语句将当前活动文档中的第二段作为 Range，设置其段落格式中的对齐属性为右对齐。

与 Selection 针对当前正在操作的活动窗口 AcitveWinow 不同，Range 对象针对的是 Document。就当前活动窗口 ActiveWindow 而言，Range 对象既可以与 Selection 重合，也可以是 Selection 以外的内容。因此，在 Selection 有选定内容的情况下，也可以定义不同的区域并对其进行操作。在一个文档中可以定义多个 Range 区域，而每个 ActiveWindow 只能有一个 Selection 对象。以下代码可以用来帮助理解 Range 和 Selection 之间的区别。

```
Dim myRange As Range
Set myRange = ActiveDocument.Sentences(1)
myRange.Copy
With Selection
    If .Type <> wdNoSelection Then
        .Collapse (wdCollapseEnd)
    End If
        .Paste
End With
```

以上语句将当前活动文档的第一个句子定义为Range对象，复制其内容，然后判断当前插入点是否有选中的内容。如果有，则向后折叠为插入点。粘贴所复制的Range对象内容。

可以使用Range对象的Text属性达到插入文本的目的，也可以使用Range对象的InsertAfter或InsertBefore方法在其后面或前面插入文本。下面两个语句均可在当前插入点位置插入4个字符"插入文本"：

```
Word.ActiveWindow.Selection.Range.Text = "插入文本"
Word.ActiveWindow.Selection.Range.InsertAfter "插入文本"
```

二 Word 表格处理

Word中的表格通过表格对象Table及Tables集合使用。

1. Tables 集合

不同对象的Tables属性返回的Tables集合并不相同。

Document.Tables属性返回的Tables集合是指定文档中的所有表格。例如：

```
MsgBox Word.ActiveDocument.Tables.Count
```

此语句用消息框显示当前活动文档中的表格总数。

Selection.Tables属性返回的Tables集合是当前选定内容中的所有表格。

```
Dim ltbl, lrow, lcol As Long


For ltbl = 1 To Word.ActiveDocument.Tables.Count
    If Word.ActiveDocument.Tables(ltbl).Range.Start = Selection.Tables(1).Range.Start Then
        lcol = Selection.Columns(1).Index
        lrow = Selection.Rows(1).Index
```

```
Word.ActiveDocument.Tables(ltbl).Cell(lrow, lcol).Range.Select
        MsgBox "表" & ltbl & "；行：" & lrow & "；列：" & lcol
    End If
Next ltbl
```

以上代码遍历当前文档中的所有表格，比较其Range的起始位置与Selection的起始位置，如果两者相同，则表格索引号变量ltbl就是当前表格的索引号。然后获取Selection所在的行号、列号，选中此单元格，用消息框显示Selection所在的表格索引号、行号、列号。

2. Table对象

表格对象Table可以通过Tables集合的索引号返回。例如：

```
Word.ActiveDocument.Tables(2).Select
```

该语句选中当前活动文档中的第2个表格。

也可以通过定义Table类型变量的形式引用。例如：

```
Dim tbl As Table
For Each tbl In Word.ActiveDocument.Tables
        Debug.Print tbl.Rows.Count
Next tbl
```

上述语句遍历当前活动文档中的所有表格，并将每个表格的行数打印到立即窗口。

3. 表格的插入与删除

可以使用Add方法插入表格。例如：

```
Word.ActiveWindow.Selection.Tables.Add Range:=Selection.Range,
NumRows:=5, NumColumns:=4
```

该语句在当前Selection位置插入一个5行4列的表格。

删除表格使用Delete方法。例如：

$$Word.ActiveDocument.Tables(1).Delete$$

该语句删除当前活动文档中的第一个表格。

4. 表格的列宽、行高设置

可以通过表格行的Height属性和列的Width属性设置表格的行高和列宽。

$$Word.ActiveDocument.Tables(1).Columns(1).Width = CentimetersToPoints(1.14)$$

$$Word.ActiveDocument.Tables(1).Rows(1).Height = CentimetersToPoints(5.14)$$

以上语句将当前活动文档中表格1的第1列的宽度设置为1.14厘米，第1行的高度设置为5.14厘米。CentimetersToPoints将度量单位从厘米转换为磅，1厘米 = 28.35磅。

5. 表格边框设置

表格的边框可以通过Borders属性设置。例如：

```
With Word.ActiveDocument.Tables(1).Borders
    .InsideLineStyle = wdLineStyleSingle
    .InsideLineWidth = wdLineWidth025pt
    .OutsideLineStyle = wdLineStyleDouble
    .OutsideLineWidth = wdLineWidth025pt
End With
```

上述语句设置当前活动文档中的第一个表格的内部边框样式为0.25磅的单线，外部边框样式为0.25磅的双线。

```
Word.ActiveDocument.Tables(1).Borders.InsideLineStyle = False
Word.ActiveDocument.Tables(1).Borders.InsideLineStyle = wdLineStyleNone
Word.ActiveDocument.Tables(1).Borders.Enable = False
```

上述三个语句均可删除当前活动文档的第1个表格的内部边框。

Borders属性也可以应用于其他情况。例如：

```
Dim Myrange As Range
Set Myrange = Word.ActiveDocument.Range(Start:=Word.
ActiveDocument.Paragraphs(1).Range.Start, End:=Word.ActiveDocument.
Paragraphs(2).Range.End)
With Myrange.Borders
    .InsideLineStyle = wdLineStyleSingle
    .InsideLineWidth = wdLineWidth150pt
End With
```

上述代码在当前活动文档的前2个段落范围添加150磅的单线，也就是在这两个段落之间增加一条粗横线。

6. 单元格操作

表格中的单元格可以用Table对象的Cell方法返回，Cell通过行号、列号参数进行定义。例如：

```
Dim lrow As Long
Dim lcol As Long
For lrow = 1 To Word.ActiveDocument.Tables(1).Rows.Count
    For lcol = 1 To Word.ActiveDocument.Tables(1).Columns.Count
        Debug.Print Word.ActiveDocument.Tables(1).Cell(lrow, lcol).Range.
Text
    Next lcol
Next lrow
```

以上代码遍历当前活动文档中第1个表格的所有单元格，并将单元格中的文本打印到立即窗口。

表格中的单元格可以使用Merge方法合并。例如：

Word.ActiveDocument.Tables(1).Cell(1, 1).

Merge MergeTo:=Word.ActiveDocument.Tables(1).Cell(1, 2)

此语句将当前活动文档中的第1个表格的第一行的前两个单元格合并为一个单元格。

使用Split方法可以拆分单元格。例如：

Word.ActiveDocument.Tables(1).Cell(1, 1).Split NumColumns:=2

此语句将当前活动文档中的第1个表格的第1个单元格拆分成2列。

7. 文本转换表格

Word用户界面提供的文本转换成表格功能，可以用制表符或其他符号作为分列标记，以段落标记作为分行标记，将文本转换成表格。

但有时这一功能并不够用。例如，将下面一段用顿号"、"分隔的睡虎地秦简出处（篇名简称、简号）文本转换成一个4列的出处表格。

十八034、十八056、十八134、日甲074Z.2、日甲075Z.2、日甲097Z.3、日甲053B.2、日甲057B.2、日甲028B.3、日甲031B.3、日甲041B.3、日甲050B.3、日甲056B.3、日甲157B、日乙058、日乙174

转换代码如下：

```
Dim schuchu, szi, sfen As String
Dim ishuliang, i, ihang, itbl, irow, icollum As Integer
```

schuchu = "十八034、十八056、十八134、日甲074Z.2、日甲075Z.2、日甲097Z.3、日甲053B.2、日甲057B.2、日甲028B.3、日甲031B.3、日甲041B.3、日甲050B.3、日甲056B.3、日甲157B、日乙058、日乙174"

```
For i = 1 To Len(schuchu)
    szi = Mid(schuchu, i, 1)
    If szi = " 、 " Then
        ishuliang = ishuliang + 1
    End If
Next i
If ishuliang Mod 4 <> 0 Then
    ihang = ishuliang \ 4 + 1
Else
    ihang = ishuliang \ 4
End If
ActiveDocument.Tables.Add   Range:=Selection.Range,   NumRows:=ihang,
NumColumns:= 4,   DefaultTableBehavior:=wdWord9TableBehavior,   AutoFitBehavior:=
wdAutoFitFixed
    With Selection.Tables(1)
        irow = 1
        icollum = 1
        For i = 1 To Len(schuchu)
            szi = Mid(schuchu, i, 1)
            If szi = " 、 " Then
                .Cell(irow, icollum).Range.Text = sfen
                .Cell(irow, icollum).Range.Font.Size = 9
                If icollum < 4 Then
                    icollum = icollum + 1
                ElseIf icollum = 4 Then
                    irow = irow + 1
                    icollum = 1
                End If
```

```
                    sfen = ""
            Else
                    sfen = sfen & szi
            End If
        Next i
    End With
```

此段代码可以分为几个部分：

（1）统计分隔符号"、"的数量，赋给变量ishuliang。

（2）使用Mod函数判断变量ishuliang能否被4整除，以此决定需要插入表格的行数。

（3）插入相应行数的表格。

（4）根据分隔符号"、"切分文本单元，并依次填入表格的相应单元格。

运行结果见表5-2。

表5-2　文本转换表格结果示例

十八034	十八056	十八134	日甲074Z.2
日甲075Z.2	日甲097Z.3	日甲053B.2	日甲057B.2
日甲028B.3	日甲031B.3	日甲041B.3	日甲050B.3
日甲056B.3	日甲157B	日乙058	

三　Word图片处理

1. InlineShape对象与Shape对象

InlineShape即内嵌形状，是文档文字层中的对象。InlineShape对象等同于字符，位于文本行中。所有InlineShape对象组成InlineShapes集合，使用该集合的Count属性可以返回文档中的InlineShape总数。InlineShape对象没有名称，可以使用InlineShapes的索引号返回单个InlineShape对象。

Shape 对象不在文本行中，可以自由浮动，并且可以被放置在页面的任何位置。所有 Shape 对象组成 Shapes 集合，使用该集合的 Count 属性可以返回文档中的 Shape 总数。

InlineShape 和 Shape 对象之间可以互相转换。

```
Word.ActiveDocument.InlineShapes(1).ConvertToShape
Word.ActiveDocument.Shapes(1).ConvertToInlineShape
```

第一个语句将当前活动文档中的第一个内嵌图形转换为图形，第二个语句将第一个图形转换为内嵌图形。

2. InlineShape 对象与 Shape 对象的插入

```
Dim stupian As String
stupian = "E:\字形\04\04_01_01_0002正_035.jpg"
With Word.ActiveWindow.Selection
        .InlineShapes.AddPicture stupian
        .Collapse (wdCollapseEnd)
End With
```

上述语句在当前活动窗口的插入点插入图片，然后向后折叠插入点。

```
Word.ActiveDocument.Shapes.AddPicture stupian, True, True, 200, 300
```

该语句在当前活动文档中插入图片。该方法的第一个参数为图片路径和文件名。第二、三个参数决定是否链接到原始文件和随文档保存。第四、五个参数决定图片距绘图画布左端和上端的位置，以磅为单位。

3. 图形对象的缩放

通过规定图形对象的高度、宽度，可以对其进行缩放操作。

```
Dim iheight As Integer
Dim iwidth As Integer
```

```
Dim ilshape As InlineShape
For Each ilshape In Word.ActiveDocument.InlineShapes
    With ilshape
        iheight = .Height
        iwidth = .Width
        .LockAspectRatio = True
        .Height = 21.75
        .Width = iwidth * (21.75 / iheight)
    End With
Next ilshape
```

上述代码遍历当前活动文档中的所有内嵌图形，锁定纵横比，设置图形高度为 21.75磅，再同比缩放图形宽度。

四　Word脚注处理

Footnote（脚注）对象是Word文档编辑中十分常用的对象。Footnotes集合代表了一个Document中的所有脚注对象。可以通过Footnotes集合的索引号引用单个脚注对象。

```
MsgBox Word.ActiveDocument.Footnotes.Count
Word.ActiveDocument.Footnotes(2).Range.Font.Size = 10
```

第一个语句用消息框显示当前活动文档中的脚注总数，第二个语句将第二个脚注的字号设置为10号。

通过脚注的Text属性可以写入脚注文本，通过Reference属性则可以引用正文中的相应引用标记。

```
Dim fn As Footnote
For Each fn In Word.ActiveDocument.Footnotes
        Debug.Print fn.Range.Text
        fn.Reference.Font.ColorIndex = wdRed
Next fn
```

上述语句定义一个Footnote类型变量fn，在立即窗口中打印所有脚注的内容，并将正文中的引用标记字体设置为红色。

通过Footnotes的Add方法可以插入脚注。例如：

```
Dim myrange As Range
Dim stext As String
stext = "〔汉〕许慎 :《说文解字》，中华书局，1963年，第155页。"
Set myrange = Word.ActiveWindow.Selection.Range
With myrange
        With .FootnoteOptions
                .Location = wdBottomOfPage
                .NumberingRule = wdRestartPage
                .StartingNumber = 1
                .NumberStyle = wdNoteNumberStyleArabic
        End With
        .Footnotes.Add Range:=Selection.Range, Reference:="" , Text:=stext
End With
myrange.Select
```

上述语句可以在当前插入点位置插入脚注。首先，将当前插入点Range设置为myrange变量，作为脚注的Range。然后，设置脚注格式：位置为每页底端；编号格式为每页重新编号；初始编号为1；编号样式为阿拉伯数字。用Add方法在当前插入点位置插入脚注，脚注内容为字符串变量stext。最后，选中myrange变量，插入点回到正文原来的插入点位置。

五　Word文本格式处理

文本格式的处理包括用户界面中的字体、段落、样式等（图5-14）。也就是通常在Word中进行的文字输入、格式设置、行文排版等工作。

图5-14　Word"格式"菜单工具栏

格式处理可以针对Range对象、Selection对象进行。通过这些对象的属性值设置，达到格式处理的目的。通过访问这些对象的属性，也可以读取对象的格式设置，如读取某个选中文本的内容、识别某个选中文本的字体等。

```
With Word.ActiveWindow.Selection
    .Text = "上德不德，是以有德；下德不失德，是以無德。"
    With .Font
        .Name = "楷体"
        .Size = 12
        .Bold = True
        .Italic = True
        .Underline = wdUnderlineThick
    End With
    With .ParagraphFormat
        .Alignment = wdAlignParagraphCenter
        .LineSpacingRule = wdLineSpace1pt5
    End With
```

自动化编纂

```
    .Collapse (wdCollapseEnd)
End With
```

以上代码在 Word 当前窗口输入一段文字，设置其字体格式：楷体、12 号、加粗、斜体、粗下划线，并设置其段落格式：居中、1.5 倍行距。运行此段代码后的文本内容和格式如下：

<u>上德不德，是以有德；下德不失德，是以無德。</u>

第二节
文字学工具书自动编纂技术概说[①]

自汉代许慎的《说文解字》开始，文字学工具书已经历了两千年的历史。随着出土文字材料的不断出土和刊布，文字编、引得、类纂等各类出土文字材料的工具书大量出现，为文字学研究提供了便捷的资料检索途径。怎样提高文字学工具书的编纂效率，成为我们需要考虑的重要问题。

一　文字学工具书的技术特征

规范格式是文字学工具书可以进行自动编纂的必要前提。而文字学工具书本身的一些体例特点又具有自动编纂的可行性。

1. 工具书格式多样、版式复杂

引得类工具书是全文本格式，文字编类工具书通常使用表格。版式上，文字或采用横排，或采用竖排，同一书中的不同内容还可以交替使用不同的文字排列方式，表格的样式则更加复杂多变。

2. 数据量大

一般文字学工具书的数据量都很大。如《中国异体字大系·篆书编》（上海书画出版社，2007年）收各类古文字字形约25 000个。

3. 数据类型复杂

除普通文本外，汉字在出土文献、古代抄本等材料中的原始字形一般采用图片形式，文字学工具书则经常采用图文混排。此外，在现有的计算机系统字符编码条件下，多种古文字字库只能通过安装字体的形式实现，因此，古文字工具书的字体

① 本节内容以《基于MS OFFICE的古文字工具书自动编纂技术简论》为题，发表于《印刷杂志》2011年第12期。

自动化编纂

格式十分复杂。如《古文字考释提要总览》（一至三册，上海人民出版社，2008年、2010年、2011年；四册、五册，上海书店出版社，2019年、2020年），所用古文字字体有十余种。

4. 数据对应关系复杂

数据之间的对应关系涉及不同种类与不同层次，如古文字原始文献语篇与字词的对应、原始文献与各种著录的对应、文献字词与各家考释意见的对应等。

5. 索引要求高

文字学工具书需要提供尽量多的检索途径，以方便查检数据及其对应关系。

要在手工条件下编纂符合上述特点的文字学工具书，其难度和工作量的巨大是显而易见的。而采用计算机程序进行自动编纂，则能够比较便捷地解决问题。

二 自动编纂的技术实现

基于 Access 和 Word 的文字学工具书自动编纂的实现需要以下几个步骤：

（一）建立基础数据库

要使文字学工具书的编纂做到自动化，首先必须建设相应的文字学数据库，以存储工具书的相关内容。为了适应工具书编纂的自动化、精细化、格式化要求，数据库中的数据处理必须遵循统一的规范。

1. 录入的数据只包含原始数据，能通过自动分析获得的数据尽量通过计算获取。

2. 数据内容加工细致，尽量采用最深层次切分的底层数据。

3. 数据对应关系明确。

4. 数据层次结构清晰。

（二）导出格式化数据

完成数据库的建设之后，即可根据预先设定的版式、格式等要求，利用计算机程序自动将数据导入到 Word 文档中。

具体可以分为数据导出、数据转换、版式控制三个步骤。

1. 数据导出是根据格式需要，将数据库中一个或多个表的数据导入到 Word 文档中。

2. 数据转换包括以下内容：

（1）图形转换。古文字字形、拓片等图片文件一般不直接存储在数据库中，在Word文档中需要用地址解释模块将文件名、编号等转换为图片。

（2）特殊字体转换。现有的古文字字形需要通过安装字体实现。因此在数据库中用字体符号标记，在Word文档中则通过字体解释模块转换成相应的字体。

（3）编号格式转换。数据库中排序、对应所需的编号格式与Word文档里中文版式的编号格式时常不一致，需要通过编号转换模块进行转换。

3. 版式控制是排版过程中对工具书各种版式要求的设置。

以上导出格式化数据过程中的各个步骤有时可以同步实现，有时也需要分步骤实施。可以同步实现的有版心大小等基本版式，以及系统字体、字号、字距、行距、索引项标记等基本字体格式；需要采用分步骤实施的有图文混排时的图片转换、文字竖排等特殊中文版式，以及页码等特殊标记。

与纯文本文件的线性排列形式不同，表格式工具书是一种以单元格为单位的平面排列形式，在数据导出的过程中，其处理步骤相对更加复杂。

（三）编制索引

索引是工具书必不可少的重要组成部分，传统索引形式的自动编纂也需要通过几个步骤实现。首先，自动标记索引项。索引项可在数据导出过程中用书签、样式等功能直接标记。其次，自动读取Word文档中的索引项及所在页码。再次，标记索引项的排序原则，如拼音顺序、笔画顺序等。最后，进行索引项的排序并打印输出。索引项的种类可以不止一种，排序方式也可以多样。

结合内容的电子文本，可以给工具书索引的编制带来革命性的突破，使工具书的检索使用更加便捷。如利用PDF、doc、docx等格式文档的超链接功能，可以在索引项及索引内容之间实现内部的链接跳转；利用基础数据库，可以开发出便捷的单机版或网络版检索界面，提供便捷的检索形式；编制电子检索，还可以便捷地实现级联检索。

自动化编纂

三　**自动编纂的技术优势**

利用计算机自动编纂技术进行文字学工具书的编纂具有独特的优势。

1. 有利于数据的校验

用数据库存储工具书的相关内容，可以利用数据库查询等功能对数据进行查重、查漏、查不对应等操作，从而保证工具书数据的准确性。

2. 方便内容和版式的修改

可以在数据库中进行数据的修改，并在导出数据代码模块中进行版式控制代码的修改，使修改更加便捷。

3. 保证版式、格式前后一致

通过程序代码控制版式与格式，二者具有高度的一致性，可以减少人工排版时产生的错漏和误差。

4. 提高工作效率

最大限度地减少人工时间，提高工作效率。对出版而言，还可以大量节约出版方的精力。

第三节
非表格类工具书的自动化编纂

非表格类工具书常见字典、引得等。我们编纂的《金文引得》(广西教育出版社，2001年)即是这样的格式。

一 《金文引得》的基本体例

《金文引得》是一部商周青铜器铭文释文总集的检索工具书，共分殷商西周、春秋战国两卷。[①]该书主体包含《青铜器铭文释文》和《青铜器铭文释文引得》两个部分。

《青铜器铭文释文》部分包含如下内容：

1. 释文编号；2. 释文正文；3. 释文所对应所有铭文相同的青铜器在"金文语料库"中的编号、器名及时代；4.释文所对应青铜器的主要著录。

例如，0041号释文（图5-15）：

0041

年無彊疆。龏事

朕辟皇

王釁眉釁壽

永寶。

23　眉壽鐘　西周晚期

集成 1.41　三代 01.05.1　總集 09.6992

121　眉壽鐘　西周晚期

集成 1.40　三代 01.04.3　總集 09.6991

图5-15 《金文引得·殷商西周卷》释文示例

[①] 华东师范大学中国文字研究与应用中心编：《金文引得·殷商西周卷》，广西教育出版社，2001年。华东师范大学中国文字研究与应用中心编：《金文引得·春秋战国卷》，广西教育出版社，2002年。

此释文出自两件同铭青铜器（图5-16、5-17）。

图5-16 《集成》41   图5-17 《集成》40

释文的器名使用现代通用字，正文用字则保持铭文原貌。铭文字形与现代通用字不同者，释文用字以隶古定为原则，并将其现代通用字以小号字标注于后，如：霥眉、薔蔷、睸揖。铭文用借字者，释文一仍其旧，相应后世通用字以小号字标注于借字之后，如：佳唯、彊疆。

《青铜器铭文释文引得》部分以单字为字头，下面罗列出该字的所有释文单句，句中字头单字（后标通用字者连同通用字一起）以〇表示；每个单句后面标明它所出《青铜器铭文释文》的释文编号。通过释文编号的系联，可以检索每个索引句的所在释文及其器名、时代和著录等。例如：

岸

戜

1. 王毓拘駒〇 **2116**
2. 王初執駒于〇 **2116**
3. 雫王才在〇 **2118**

屵

1. 才在〇 **2100**
2. 王才在〇 **2816**
3. 王才在〇 **2404**
4. 王才在〇 **2102**

二　所需基础数据结构

《金文引得》的编纂全部基于"金文语料库"。该语料库的主要数据表有：

1. **"商周金文表"**。该表包含以下必需字段：器号、器名、器类、时代。"器号"是唯一标识每个青铜器的主键字段，该字段的数据类型为数字。其余字段的数据类型均为短文本。"器名"字段是一般学界通用的名称，如毛公鼎。

2. **"金文字形表"**。该表包含以下必需字段：字号、对应器号、字序、句子序号、隶定字形、释字字形、改读字形。

"字号"是唯一标识每个字形的主键字段。"对应器号"字段是"商周金文表"的"器号"字段的关联字段。"隶定字形"字段是金文原始字形的比较严格的隶古定形体，"释字字形"是归字头后的字形，"改读字形"是该字在铭文中应该读作的后世用字字形。

3. **"金文著录书目"**。包含著录文献号、书名、作者、出版社、出版时间等。

4. **"金文著录表"**。包含著录文献号、器号、著录位置（所著录的铭文所在的卷数、页数以及页内的顺序；著录中青铜器所规定的著录编号等）。著录样例参见第一章表1-5。

三　自动化编纂思路

（一）《青铜器铭文释文》部分的编纂处理步骤

《金文引得》将铭文相同的青铜器整理汇聚在一起作为一个释文单元，生成释文单位表，给每个释文进行编号并排序。

打印共分三个部分：

1. **释文**。释文文字来自"金文字形表"，根据释文编号筛选出所有字形记录，根据字序排序，根据句子序号添加句号。打印输出释文用五号字，隶定字的通用字形以及借字的通用读法均采用小五号字。

2. **释文所出青铜器数据**。即器号、器名、时代，这些数据来自"商周金文表"。

3. **青铜器主要著录**。每个青铜器下以器号为条件，从"金文著录表"中检索出相应的著录记录并依次打印。著录书名采用简称，如"集成"代表《殷周金文集成》。

（二）《青铜器铭文释文引得》部分的编纂处理步骤

该部分以通用字形作为字头，四号字，居中。如果有不同的隶定形体，则设置以隶定形体为下位字形，12.5号，左对齐。

引得句子通过字头、器号、句子序号等条件，关联检索后动态生成。引得句子根据记录集的AbsolutePosition属性编号，有不同隶定形体者，分别编号。索引句后标记释文编号。

第四节
横排表格类工具书的自动化编纂

从数据库中输出数据到Word表格可以有多种方式。（1）如果表格形式与数据库中的表或查询一致，可以直接导出或复制粘贴。这是最常用最便捷的方法。（2）输出文本到Word时用分隔符间隔表格列，完成数据输出后，使用分隔符转换成表格。在编纂《古文字考释提要总览》时即使用此种方法。（3）根据数据行、列的数量，用代码在Word中画好表格，再在表格的相应单元格中填入数据。在编纂《秦汉简帛文献断代用字谱》的附录时即采用此种方法。（4）手工准备好空白的表格，用代码输出数据到表格的单元格。在编纂竖排表格的工具书时即采用此种方法。

横排表格是现代工具书中最常见的表格形式。从形式上看，与数据库表格类似，大多以"行"作为数据记录单位，以"列"作为数据的属性字段单位。表格可以跨页，因此，表格的行数可以很多。相对来说，此类形式的工具书在表格处理上较为容易。

基于数据库编纂的此类工具书有《古文字考释提要总览》（图5-18）、[①]《秦汉简帛文献断代用字谱》等。

---

① 刘志基、董莲池、王文耀、张再兴、潘玉坤：《古文字考释提要总览》（一至三册），上海人民出版社，2008年、2010年、2011年；《古文字考释提要总览》（四、五册），上海书店出版社，2019年、2020年。

自动化编纂

東部

東			說文	動也。从木。官溥說：从日在木中。凡東之屬皆从東。	許愼　說文解字	
東			甲骨	"未于▨口羊三豕三"之"▨"即"東"字。"禾于東"與"禾于方"文義同，蓋迎氣東方之祭。"我今大口人且▨尹令"之▨亦蓋即"東"字，下尚省一直畫與"南"同。"東"或即東國，疑就殷都以東言之。	孫詒讓　契文舉例卷上	36525
東			金文	金文東中部不从日，◯象圖束之形，與◯同義。東與束同字，東、束雙聲對轉。四方之名，西南北皆借字，則東方亦不單獨製字也。	林義光　文源　卷六	36527
東		重	金文	古文東不从木，古動重字本皆作東。	丁佛言　說文古籀補補　卷六	45046
	榮作周公簋					
東			甲骨	从木从▨，闕。經典皆訓動。東、動同聲孳乳字。又借爲東方字。	孫海波　甲骨金文研究	42164
東			篆文	日所出也，从日在木中，會意。	高田忠周　古籀篇卷八十七	36528
東			甲骨	即東字。其文曰："其自▨來雨"，又有曰："其自南來雨"。	羅振玉　增訂殷虛書契考釋　卷中	36526
東				金文偏旁，束東二字每通用，東即束之異文。束與東爲一字者，束字古當讀爲透母字，聲	唐蘭　釋四方之名考古學社社刊1936年6月第四期	36531

图5-18 《古文字考释提要总览》正文示例

这里以《秦汉简帛文献断代用字谱》为例，说明此类工具书的自动化编纂技术。《秦汉简帛文献断代用字谱》旨在提供秦汉简帛文献材料中的穷尽用字数据，在纸质版的辞例和用字统计数据之外，还以网络电子版的形式提供了所有用字形式和词形用字的出处数据，以供学者参考。此书包含四个分卷，每卷由多个内容和体例各不相同的部分构成，相对比较复杂。整个编纂过程基于秦汉简帛数据库平台。

一 所需基础数据结构

（一）数据表及必需字段

1. 表 _ 文献种类。主要字段包括：

● 文献编号。这是表的主关键字段，用于唯一标记每一种文献。如最早整理建设的睡虎地秦简编号为01。

● 文献名称。如睡虎地秦简、岳麓书院藏秦简、敦煌汉简等。

● 文献简称。如"睡"即睡虎地秦简，"岳"即岳麓书院藏秦简，"敦"即敦煌汉简等。各卷中的《简称对照表》规定了每种文献的简称。

● 时代。共分秦、西汉早期、西汉中晚期、东汉四个时代。

● 分卷序号。以阿拉伯数字1、2、3、4分别代表四个时代，并依据时代进行排序及分卷。

● 文献序号。用于对各断代内文献进行排序。

2. 表 _ 篇章名。主要字段包括：

● 对应文献编号。这是"表 _ 文献种类"文献编号字段的关联字段。

● 篇号、篇名、篇名简称。文献中各篇的编号、篇名及简称。如马王堆汉墓简帛中的《五十二病方》篇。

● 章号、章名。不少文献的篇可以分为若干章，如帛书《春秋事语》由《杀里克章》等16章组成。所以此表用以区分篇、章，并将更小层次的章号作为主关键字段。

● 时代。有些文献的不同篇章抄写时代不同，故此表也包含时代字段。如《香港中文大学文物馆藏简牍》所收汉代简牍既有西汉早期的《日书》、遣策，又有西汉中期的《奴婢廩食粟出入簿》，还有东汉时期的序宁简等。

3. **表 _ 简牍**。

此表的记录单位一般情况下与实物的简牍相对应，即一枚简为一条记录，也有一些常见的不对应情况。一种情况是正反面一般分记录，在简号中标记正反面。另一种情况是《质日》《为吏之道》《日书》等常分多栏书写，阅读顺序常常需要先依次读完第一栏的几枚简，再读第二栏、第三栏的几枚简。因此，为了方便排序，这些简以"栏"为记录单位，帛书则以"行"为记录单位。

此表主要字段包括：

● 简号。一般是整理者著录的整理编号，整理者著录中通常附加标注对应的出土编号。这是学界进行简牍研究时最常引用的编号。如《长沙五一广场东汉简牍》中的整理编号。

● 新简号。为主关键字段，其命名规则确定为文献编号＋章号＋整理者的简号。

● 排序。出土简牍时常散乱，简之间的编联排序有时需要调整。此字段即用于对各简进行排序。

4. **表 _ 字**。

包含简帛中的所有字形记录，以字形为记录单位。主要字段包括：

● ID_序号。为每个字形的唯一编号，作为主关键字段。其命名规则为新简号＋简内字序。

● 字头。简帛中字形的对应释文。

● 隶定字。根据简帛中的原始字形所作的楷写隶定。此字段只填写对应字头的异体字形。

● 读为字。即文献中需要改读作的字，如北大汉简《周驯》56简"吾将去女（汝）"，其中的"女"读作"汝"，即记录{汝}这个词。此字段中的字在《秦汉简帛文献断代用字谱》中称为"词形用字"，在《文献分布频率对照表》《用字频率断代对照总表》中直接简称为"词"。

● 句子序号。标记字所在的句子，句子序号相同者属于同一个句子。

● 简内字序。标记每个字在简中的先后顺序，这一顺序为内容的阅读顺序，与字形在简牍中的平面布局不一定相同。

● 句子。由系统根据句子序号自动生成。

（二）数据表设计及表之间的关系（图5-19）

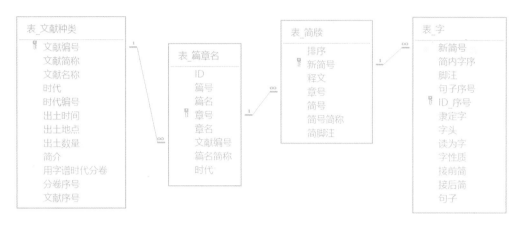

图5-19　设置数据表之间的关系

二　相关数据准备

1. 建立查询"用字记录"，筛选出所有的用字记录，即"读为字"字段标记了相应读法的记录。有些字的释读或读法暂时存疑，标记了问号"？"，根据体例需要加以排除。该查询数据举例见表5-3。

表5-3　查询"用字记录"结果示例

隶定字	字头	读为字	句　子	文献代号	篇名	简号
	闕	闆	攻伊闕（闆）	睡	葉書	013.1
	闕	闆	伊闕（闆）【陷】	睡	葉書	014.1
魏	巍	魏	攻魏（巍-魏）	睡	葉書	015.1
	枳	軹	攻垣枳（軹）	睡	葉書	017.1
	蒺	冥	攻蒺（冥）山	睡	葉書	030.1
	輿	與	闕輿（與）	睡	葉書	038.1
	大	太	攻大（太）行	睡	葉書	044.1
	單	鄲	攻邯單（鄲）	睡	葉書	050.1
	誰	推	吏誰（推）從軍	睡	葉書	053.1

2. 基于查询"用字记录"，建立重复项查询"用字字头表"，通过此查询即可统计出"字头"字段的所有不重复字及其频率。标注这些字的《说文解字》部首编号、字序编号。此表根据《说文解字》顺序排列后的字头即是《辞例》部分输出的字头数据。

3. 基于查询"用字记录"，建立重复项查询"本字字头表"，通过此查询即可统计出"读为字"字段的所有不重复字及其频率。此表以拼音顺序为《文献分布频率对照表》的排序依据，这也是附录《词形用字用例出处总表》的字头依据。

三 《文献分布频率对照表》部分的处理

《文献分布频率对照表》部分格式见表5-4。

表5-4 《文献分布频率对照表》格式示例

詞	字	總計	字頻	詞頻	睡	龍	甲	周	放	嶽	王	北	散
靄	葛	2										2	
艾	辇	1		2	1								
岸	旱	1	17									1	
按	案	35	4		1		13		21				
按	桉	2					2						
按	安	1	86		1								
案	安	1	86	39			1						

该表以词为序，列举该词的不同用字形式的总量以及在不同文献中的数量分布。"字频"列为文献中各实际用字形式的本用数量，即没有读法的记录数量。字频为空，则没有本用例。字频加上总计，即为该用字形式的所有出现频次。"词频"列为词形用字，即"读为字"字段所标记的改读字本身在文献中的实际使用数量。词频为空，则表示词形用字在当前卷文献中未见使用。

该表的主要制作步骤：

1. 基于查询"用字记录"，建立交叉表查询，统计出频率总计和各文献分布（图5-20）。

图5-20　设置《文献分布频率对照表》交叉表查询条件

2. 建立重复项查询，统计"字头"字段的重复值。此统计需要两个条件："分卷序号"为当前卷，如卷1；"读为字"字段为空值，即未标注读法。此统计结果即"字频"。

3. 建立重复项查询，统计"读为字"字段的重复值。此统计同样需要"分卷序号"条件。此统计结果即"词频"。

4. 将以上三个查询结果通过"字头""读为字"两个字段进行关联合并，其结果即完整的《文献分布频率对照表》。

四 《辞例》部分打印处理

《辞例》部分为隐藏了边框的表格。格式见表5-5。

自动化编纂

表5-5　《辞例》格式示例

壮	狀		盗者壮(狀)	睡·日甲 071B
中	仲	0001	昔者□小臣卜逃唐而支(枚)占中(仲)虺	王·歸藏 523
		0002	中(仲)虺占之曰不吉	王·歸藏 523
	忠	0001	一曰中(忠)信敬上	睡·爲吏 007.2
		0002	一曰中(忠)信敬上	北·從政 14
	甲		今中<甲>盡捕告之	睡·答問 136
每	晦	0001	每(晦)食大晨八	放·日乙 188.5
		0002	憂心如每(晦)	北·九策 23

第一列为简帛文献中实际使用的字形，即数据库"表_字"中的"字头"字段。此列以《说文解字》字头为序。第二列为读法，包括讹字，即数据库"表_字"中的"读为字"字段。第三列为辞例的索引句编号，如果只有一个句子，则省略编号。第四列为辞例，即"表_字"中的"句子"字段。第五列为辞例出处，由来自"表_文献种类"的文献代号，来自"表_篇章名"的篇名简称、章名简称，以及来自"表_简牍"的整理者简号三个部分构成。据此出处，读者可以查阅辞例的原始整理文献。

《辞例》部分只有一个表格，但是行数很多。为了方便处理，先将辞例打印成普通文本，各列数据之间用分隔符号隔开。打印完成后，再依据分隔符号将文本转换成表格，然后根据版面需要设置各列的宽度。

《辞例》部分的打印代码思路：

1. 对排序后的"用字字头表"记录集进行循环，读取用字字头变量，将用字字头打印到当前Word窗口插入点。

2. 以用字字头变量为条件，从《文献分布频率对照表》中筛选出该用字的所有读法记录集，如第一分卷《秦简牍卷》中"安"字的读法有"晏""宴""案""按"四种。按各读法的出现频率降序排列之后，遍历此所有读法记录集，将"读为字"字段值赋给本字变量。

3. 将用字字头变量和本字变量作为需要同时满足的And条件，从"用字记录"查询中筛选出所有实际辞例记录集，并根据文献、篇章、简的顺序进行排序。例如第一分卷《秦简牍卷》中"安"读作"晏"的有43条辞例。遍历此辞例记录集，打印本字变量、辞例及其出处到当前Word窗口插入点。

4. 以上三个循环打印过程中嵌套有两个条件分支：（1）一个用字字头是否只有一种读法。两种以上的读法，从第二种读法开始不再打印用字字头。（2）一个用字字头的每种读法是否只有一条辞例。只有一条辞例者不需要编号。两条以上辞例者需要编号，且第二条记录开始不再打印本字。

五 《用字频率断代对照总表》部分的处理

此表列举各用字组的用字总量及在各断代分卷中的数量分布。格式见表5–6。

表5-6 《用字频率断代对照总表》格式示例

詞	字	總計	1	2	3	4
按	窜	1			1	
案	安	1	1			
案	桉	1				1
豣	竿	5			5	
豣	干	2		1		1
暗	闇	4			2	2

此表的制作相对比较简单，只要建立以"读为字""字头"两个字段为行标题，以"分卷序号"字段为列标题的交叉表查询即可（图5–21）。

图5-21 设置《用字频率断代对照总表》交叉表查询条件

六　附录部分的处理

附录包括《词形用字用例出处总表》和《用字本用例出处总表》。格式见图5-22。

龥（0）：

艾（2）：

| 里 2 | 壹 8-1620Z+9-1569Z/壹 8-1620Z+9-1569Z |

岸（0）：

按（0）：

案（39）：

睡 1	語書 007
里 16	壹 8-0155Z/壹 8-0159Z/壹 8-0615Z/壹 8-0648Z/壹 8-0648Z/壹 8-1052Z/壹 8-2503Z/選 10-1119Z/選 16-0005Z/選 16-0006Z/貳 9-1454Z/貳 9-1748Z/貳 9-1887Z/貳 9-2283Z/貳 9-3372Z/貳 9-3386Z
嶽 22	壹·爲吏 071/肆·二 112/肆·二 137/肆·三 354/肆·三 357/伍·一 048/伍·一 067/伍· 006/伍· 006/伍·一 006/伍·二 137/伍·二 318/伍·二 318/伍·三 262/

图5-22　附录格式示例

字头后面的括号内为频率，即《文献分布频率对照表》中的词频和字频。如果频率不是0，则用表格显示各种文献中的具体出处。表格以文献种类为行单位，第一列显示文献简称及该种文献中的频率，第二列显示具体出处，出处包含篇章简称及简号或帛书行号，各出处之间用"/"隔开。

附录部分的打印代码思路（以《词形用字用例出处总表》为例）：

1. 对"本字字头表"记录集进行循环，读取本字字头及频率数据，将本字字头字段值赋给字头变量，在当前Word窗口打印字头及用括号标记的频率数。

2. 以字头变量为条件，用SQL语句中的DISTINCT关键字打开唯一的文献编号、文献简称记录集，读取该记录集的记录数量，也就是该字头的出现文献种类数量，以此作为插入出处表格的行数。

3. 插入两列表格，以文献种类数为行数，设置好表格各列的宽度。《辞例》部分一卷只有一张表格，所以不直接打印成表格。而附录部分一个字的出处就是一张表格，数量众多，所以直接打印成表格形式。

4. 对文献种类数记录集进行循环，以字头变量、文献代号为同时满足的条件，在"表_文献种类""表_篇章名""表_简牍""表_字"三表关联的查询中筛选每种文献的所有字头记录集。

5. 遍历各种文献的字头记录集，读取记录总数，连同文献简称填入第一列。同时读取篇章简称、简号字段，合并为出处数据，各记录之间用"/"隔开。将出处数据填入第二列。

第五节

竖排表格类工具书的自动化编纂

竖排表格是传统文字编类文字学工具书的最常见的形式。这种形式与传统竖排古籍的形式一致。表格文本以列为单位，每列的阅读顺序为从右到左，而不是以行为单位从上到下行文。因此，在表格设计上，需要以列为数据记录单位，相当于横排表格的行；以行为属性字段单位，相当于横排表格的列。这种表格形式无法将各页的表格连为一个表格，一般只能一页一表，各页表格的行数、列数相对固定。因而，这种工具书文档中会拥有许多表格。

《中国异体字大系·篆书编》《商周金文原形类纂》均采用这种形式。[①]《中国异体字大系·篆书编》每页的表格还分上、下两栏，正文版式见图5-23。在将数据库数据输入到Word文档中时，普通横排文本只要在插入点光标处输入数据即可，而竖排表格在输入数据时还需要有识别光标所在的当前单元格、换列、换栏、换页等操作。

下面以《商周金文原形类纂》的编纂为例进行说明。

---

① 刘志基、张再兴主编：《中国异体字大系·篆书编》，上海书画出版社，2007年。董莲池、刘志基、张再兴、苏影：《商周金文原形类纂》，学苑出版社，即出。

图5-23 《中国异体字大系·篆书编》正文示例

一 《商周金文原形类纂》的体例

《商周金文原形类纂》是识读、检索商周金文字词句的大型工具书。正文版式见图5-24。

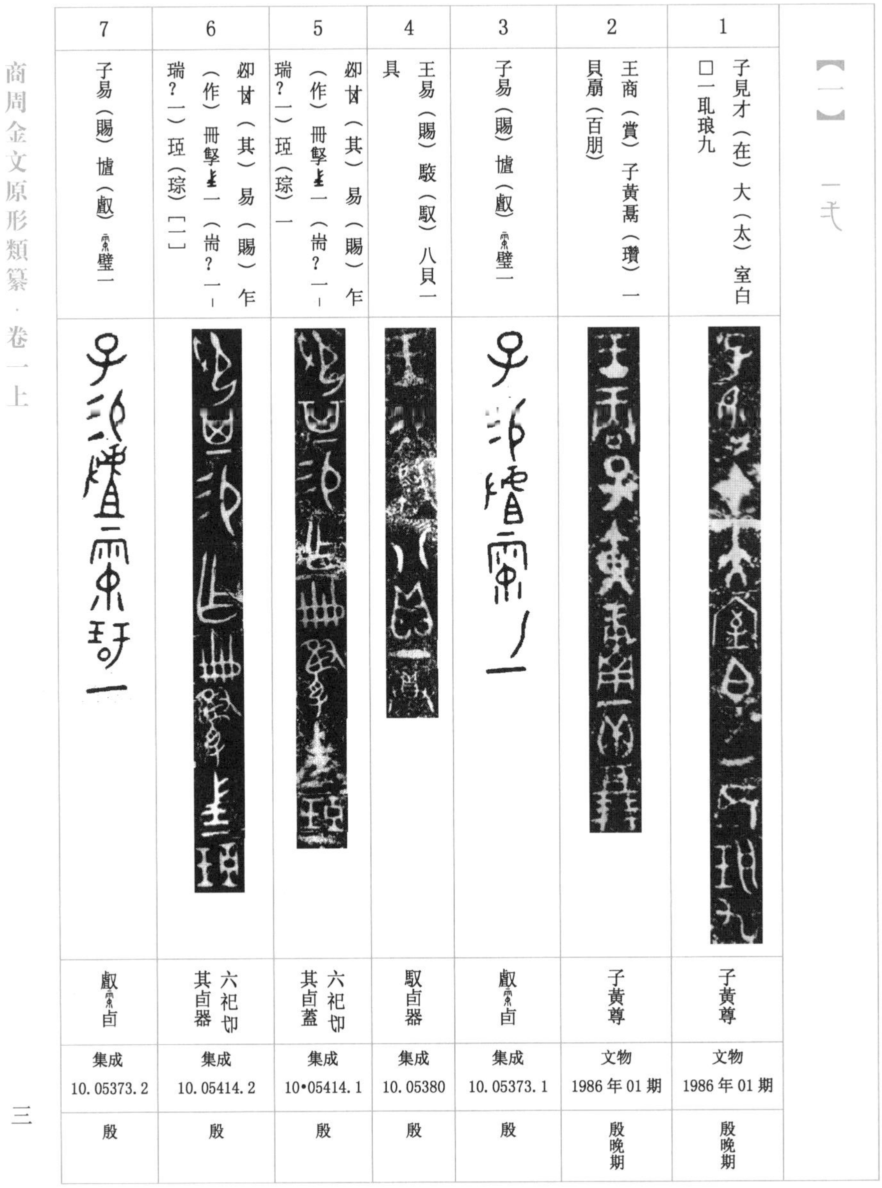

7	6	5	4	3	2	1
子易（賜）墉（甗）〔𩵋〕璧一	瑞?）一珏（琮）〔二〕 夗廿（其）易（賜）乍（作）冊敻一尚?）一	瑞?）一珏（琮）一 夗廿（其）易（賜）乍（作）冊敻一尚?）一	其 王易（賜）駿（駁）八貝一	子易（賜）墉（甗）〔𩵋〕璧一	貝屬（百朋） 王商（賞）子黃禹（瓚）一	□一耴琅九 子見才（在）大（太）室白
敻卣	六祀卩其卣器	六祀卩其卣蓋	駁卣器	敻卣	子黃尊	子黃尊
集成 10.05373.2	集成 10.05414.2	集成 10•05414.1	集成 10.05380	集成 10.05373.1	文物 1986 年 01 期	文物 1986 年 01 期
殷	殷	殷	殷	殷	殷晚期	殷晚期

商周金文原形類纂·卷一上

三

图5-24 《商周金文原形类纂》正文示例

基本体例如下：

1. 字头依据《说文解字》排序。

2. 每个字头下以句子为单位穷尽列举所有辞例。

3. 表格第一行为句子序号，第二行为楷书释文，第三行为对应的原形文句，第四行为器名，第五行为著录书名，第六行为时代。

二　所需基础数据结构

数据库中的数据可以多角度重组，并进行多重应用，因此一个数据库可以衍生编纂多种工具书。编纂《商周金文原形类纂》所使用的原始数据库是编纂《金文引得》所基"金文语料库"的升级版本，除了数据更新外，数据表结构大体相同。为了适应《商周金文原形类纂》的编纂，数据库进行的结构修改主要有：

1. "商周金文表"增加"著录"字段

该字段数据采用通行的大型著录，如《殷周金文集成》，或者是原始的著录文献，如《文物》1986年第1期。这个字段的数据来自"金文著录书目"和"金文著录表"。

2. "金文字形表"

表5-7为著录于《殷周金文集成》第七册的西周晚期德克簋（《殷周金文集成》编号3986）的"金文字形表"记录示例。

表5-7　西周晚期德克簋铭文的"金文字形表"记录

字　　号	器号	字序	句子序号	隶定字形	释字字形	改读字形
07_03986_001_A	3986	1	1		德	
07_03986_002_A	3986	2	1		克	
07_03986_003_A	3986	3	1		乍	作
07_03986_004_A	3986	4	1		朕	
07_03986_005_A	3986	5	1		文	
07_03986_006_A	3986	6	1		且	祖
07_03986_007_A	3986	7	1		考	

字　　号	器号	字序	句子序号	隶定字形	释字字形	改读字形
07_03986_008_A	3986	8	1	隟	尊	
07_03986_009_A	3986	9	1	殷	簋	
07_03986_010_A	3986	10	2		克	
07_03986_011_A	3986	11	2	甘	其	
07_03986_012_A	3986	12	2		萬	
07_03986_013_A	3986	13	2		年	
07_03986_014_A	3986	14	2		子	
07_03986_015_A	3986	15	2		子	
07_03986_016_A	3986	16	2		孫	
07_03986_017_A	3986	17	2		孫	
07_03986_018_A	3986	18	2		永	
07_03986_019_A	3986	19	2		寶	
07_03986_020_A	3986	20	2		用	
07_03986_021_A	3986	21	2		亯	享

《殷周金文集成》著录的该器原始拓片见图5-25。

图5-25　德克簋铭文拓片（《集成》3986）

"金文字形表"的字号字段值也是字形图片的文件名（图5-26）。

07_03986_001_A	07_03986_002_A	07_03986_003_A	07_03986_004_A	07_03986_005_A	07_03986_006_A
07_03986_007_A	07_03986_008_A	07_03986_009_A	07_03986_010_A	07_03986_011_A	07_03986_012_A
07_03986_013_A	07_03986_014_A	07_03986_016_A	07_03986_018_A	07_03986_019_A	07_03986_020_A

图5-26 "金文字形表"的部分字形图片及命名

三 自动化编纂思路

竖排文字编一页一表，需要针对不同的表格进行打印。因此，代码需要首先读取光标所在表格的Index号、列号。

```
Dim it, itd, ic As Integer
For it = 1 To Word.ActiveDocument.Tables.Count
    If Word.ActiveDocument.Tables(it).Range.start _
        = Selection.Tables(1).Range.start Then
        itd = it
        ic = Selection.Columns(1).Index
    End If
Next it
```

以上代码遍历当前文档中的所有表格，当表格的Index号等于光标所在的表格的Index号时，说明这个it就是当前表格的Index号。将当前表格的Index号赋给表格序号变量itd，并读取光标所在列的列号，赋给变量ic。

在阅读时，竖排表格列单位从右到左，而Word表格中列的编号从左到右，因此引用单元格时需要进行列号和表格序号的计算。

```
If ic > 1 Then
    ic = ic - 1
Else
    itd = itd + 1
    ic = 9
End If
```

以上代码设置表格列数为9，从第九列即最右边的一列开始打印，每打印一条记录，列号变量ic减1，即往左移动一列。当ic等于1，即打印到最左边一列时，表格序号变量itd加1，即进入下一页的表格，列号变量重新设置为9，即最右边一列。

数据打印步骤：

1. 通过不重复项查询，统计"金文字形表"中"释字字形"字段的唯一值，生成"金文字头表"。然后为"金文字头表"中的每个字头标记《说文解字》字头序号和《说文解字》卷数及部首序号。《说文解字》所无的字则根据字形归入相应的部首。

2. 对"金文字头表"的所有字头记录进行循环操作，依次读取字头，赋值给字头变量。

3. 以字头变量为条件，用SQL语句筛选出"金文字形表"中释字字形等于字头变量的所有记录，同时关联"商周金文表"，作为字形记录集。这个记录集的记录总数就是该字头的出现总频率，即索引句的总数。

4. 对字形记录集进行循环，以记录集的当前位置作为索引句的序号，写入表格的第一行。同时读取记录集的器名、著录、时代字段值，分别填入表格的第四、五、六行。

```
With Word.ActiveDocument.Tables(itd)
    .Cell(1, ic).Range.Text = iju
    .Cell(4, ic).Range.Text = sqiming
    .Cell(5, ic).Range.Text = schuchu
    .Cell(6, ic).Range.Text = sshidai
End With
```

上述代码中，变量iju为索引句序号，sqiming为器名，schuchu为著录，sshidai为时代。

5. 在对字形记录集进行循环的过程中，以字形记录集中的器号、句子序号作为条件，筛选出"金文字形表"中器号、句子序号符合条件的所有记录，按照字序字段排升序，作为当前字形的索引句记录集。

```
Dim iqi, iju As Integer
Set rst = db.OpenRecordset("select * from 金文字形表 where 器号=" & iqi
& " and 句子序号=" & iju & " order by 字序")
```

6. 对上述索引句记录集进行循环，读取每条记录的字号值，并加上字形图片所在路径，在表格第三行依次插入该索引句的所有图片。字形图片为jpg格式图片文件。

```
Word.ActiveDocument.Tables(itd).Cell(3, ic).Select
Word.ActiveDocument.ActiveWindow.Selection.InlineShapes.AddPicture _
    "E:\金文字形\" & rst!字号 & ".jpg"
```

上述代码选中表格第三行，插入字形图片。

7. 合并该记录集中所有记录的隶定字形、释字字形、改读字形。合并时判断隶定字形、改读字形是否为空值。如果不是空值，则用括号进行标注。既有隶定又有改读的字形，则在括号内的释字字形和改读字形之间用短横"–"隔开。如西周晚期鄂公簋（图5-27）的"鄂"字释文作"异（登-鄂）"，"登"字隶定从豆、廾，读作"鄂"。

图5-27 西周晚期鄂公簋拓片

合并字段的代码如下：

```
Do Until rst.EOF
    If rst!改读字形 <> "" Then
        If rst!隶定字形 <> "" Then
            syinde = syinde & rst!隶定字形 & "⌒" & rst!释字字形 & "-" &
            rst!改读字形 & "⌣"
        Else
            syinde = syinde & rst!释字字形 & "⌒" & rst!改读字形 & "⌣"
        End If
    Else
        If rst!隶定字形 <> "" Then
```

```
            syinde = syinde & rst! 隶定字形 & "⌒" & rst! 释字字形 & "‿"
        Else
            syinde = syinde & rst! 释字字形
        End If
    End If
    rst.MoveNext
Loop
```

表5-7所示记录合并后的索引句即为：德克乍（作）朕文且（祖）考障（尊）毁（簋）。克戓（其）萬年子子孫孫永寶用亯（享）。[①]

合并后的索引句填入表格的第二行。

```
Word.ActiveDocument.Tables(itd).Cell(2, ic).Select
Word.ActiveDocument.ActiveWindow.Selection.Text = syinde
```

8. 打印完成后，统一调整所有字形图片的宽度，并同比缩放图片高度。

---

① 原书竖排，代码中的括号与此横排示例不同。

第六节

工具书索引及检字表的制作

制作工具书的索引及检字表，首先需要逐条将所有索引项及所在的页码数据从正文中找出，再对索引项进行笔画、拼音等排序，最后再制作成索引和检字表。这一过程如果手动进行操作，将极其耗费时间。如果使用VBA代码，则可以很快捷地完成这一任务。

读取索引项之前，首先需要将Word文件正文排好版面。不过，由于制作便捷，正文如果有涉及页码或版面变动的修改，可以重新读取索引项页码，重新制作索引或检字。

一 读取索引项及所在页码，写入数据库表

根据正文格式和索引目标要求，可以有多种读取索引项的方式。例如，可以根据文档中的书签读取，也可以通过数据库表中的索引项查找其在文档中的页码读取。此外，还可以逐字、逐段、逐个表格单元格读取。

1. 逐字读取

```
Dim i, izishu As Integer
Dim sziti, syema as String
    With Word.ActiveDocument.ActiveWindow.Selection
        .Expand (wdStory)
        izishu = .Range.Characters.Count
    End With
```

```
For i = 1 To izishu

    With Word.ActiveDocument.ActiveWindow.Selection

        .Collapse (wdCollapseStart)

        .Expand (wdCharacter)

        If .Font.Name = " 黑体 " Then

            szi = .Text

            syema = .Information(wdActiveEndAdjustedPageNumber)

        End If

        .Collapse (wdCollapseEnd)

    End With
```

以上代码选中整个文档，统计字数赋给变量 izishu。依次选中每个字，判断其字体是否为黑体，如果是，将该字及其所在页码赋给变量 szi、syema。

2. 逐段读取

```
Dim db As DAO.Database

Dim rst As DAO.Recordset

Dim lduan As Long

Dim swenben As String

Dim lyema As Long

Dim l As Long


Set db = CurrentDb()

Sct rst = db.OpcnRccordsct(" 字头表 ")

lduan = Word.ActiveDocument.BuiltInDocumentProperties(wdPropertyParas)

    For l = 1 To lduan

        With Word.ActiveDocument.ActiveWindow.Selection

            .Expand (wdParagraph)
```

```
                    If .ParagraphFormat.Alignment = wdAlignParagraphCenter
Then
                        swenben = .Text
                        lyema = .Information(wdActiveEndAdjustedPageNumber)
                        If Len(swenben) < 3 Then
                            With rst
                                .AddNew
                                !文字 = swenben
                                !页码 = lyema
                                .Update
                            End With
                        End If
                    End If
                    .Collapse (wdCollapseEnd)
                End With
            Next l
        rst.Close
        db.Close
        Set db = Nothing
```

该段代码依次将当前Word文档中的所有段落文本赋给swenben变量，判断其文本长度。如果小于3，也就是一个字头，则将该文本和页码填入数据库中的"字头表"。

3. 逐个表格单元格读取

表格类工具书的索引项均在固定的行或列中。以《秦汉简帛文献断代用字谱》为例，索引项分布在《文献分布频率对照表》《辞例》《用字频率断代对照总表》三个部分的第一、二列。

```
Dim szi, sziti As String
Dim lhang, lyema As Long
For lhang = 1 to Word.ActiveDocument.Tables(1).Rows.Count
    szi = Word.ActiveDocument.Tables(1).Cell(lhang, 1).Range.Text
    sziti = Word.ActiveDocument.Tables(1).Cell(lhang, 1).Range.Font.Name
    lyema = Word.ActiveDocument.Tables(1).Cell(lhang, 1)._
        Range.Information(wdActiveEndPageNumber)
Next lhang
```

以上代码逐行读取表格中第一列的文本内容、字体名称、所在页码，赋给szi、sziti、lyema三个变量。

二 索引项的笔画、拼音等属性标注

从正文中读入索引项及页码到数据库之后，需要根据检字表的要求对索引项的笔画、拼音等属性进行标注处理。主要包含以下步骤：

1. **索引项的唯一值处理。**一般一些工具书的索引项本身就是唯一的，例如字典、文字编的字头等，一般不会重复出现。也有不少工具书的索引项在正文中多次出现，例如《秦汉简帛文献断代用字谱》的用字形式就多次重复出现。这时，读入数据库的索引项及页码是以正文中出现的单次记录为单位的，即正文中出现一次就是一条记录。通过重复项查询或者设置索引项查询的唯一值属性为"是"，可以得到索引项的唯一值。

2. **使用生成表查询可以将索引项的唯一值生成唯一的"索引用字表"。**这个表可以包括索引项、拼音、笔画、页码、排序等字段。在这个表里可以标注拼音、声调属性，以便制作拼音检字表；标注笔画、笔顺属性，以便制作笔画检字表。

3. **如果索引项在正文的不同页码中多次出现，需要将这些不同的页码标记在页码字段中。**不同的页码之间可以用"/"等符号分隔开。

三 按照设定格式输出索引或检字表

索引或检字表的格式多种多样。以《秦汉简帛文献断代用字谱》的笔画索引制作为例进行说明。

《秦汉简帛文献断代用字谱》的索引相对比较复杂。首先，四个断代分卷有各自的笔画索引，第四分卷还有一个总笔画索引。其次，索引项所在的正文有多个部分，包括各卷的《文献分布频率对照表》《辞例》以及第四分卷的《用字频率断代对照总表》。最后，同一个索引字在《文献分布频率对照表》《辞例》的用字列、本字列均会出现，由于字、词之间是多对多的记录关系，因此，索引字会重复出现。

《秦汉简帛文献断代用字谱》的分卷索引格式见表5-8。

表5-8　分卷索引格式示例

三畫

三	10/35/36	67/232/359
于	53/53/53	79/105/188
工	13/13	151/363
土	39	359
士	36/38	70

第一栏为索引字，第二栏为《文献分布频率对照表》页码，第三栏为《辞例》页码。总索引格式见表5-9。

表5-9　总索引格式示例

三畫

三	1.10/1.35/1.36/2.27/2.95/2.95/ 2.95/2.95/2.95/2.98/2.104/3.17/ 3.61/3.61/4.28/4.28	1.67/1.232/1.359/2.159/2.162/ 2.539/2.839/2.878/2.879/3.102/ 3.402/3.716/4.103/4.166	241/303/303/303/303/303/ 306/310
干	2.1/2.33/2.34/2.34/2.34/2.39/3.22/ 3.22/3.26/3.26/3.56/4.1	2.243/2.791/2.791/3.176/4.63	219/248/248/248/248/248/ 253/253/297
于	1.53/1.53/1.53/2.138/2.138/2.140/ 3.28/3.73/3.87/3.87/3.87/3.88/ 4.13/4.36/4.41/4.41	1.79/1.105/1.188/2.436/3.282/ 3.282/4.85/4.85	256/321/329/340/340/340/ 340/341/341/341/342

第一栏为索引字，第二栏为《文献分布频率对照表》页码，第三栏为《辞例》页码，第四栏为《用字频率断代对照总表》页码。"."前为分卷代号，"1"代表秦简牍卷，"2"代表西汉早期简帛卷，"3"代表西汉中晚期简牍卷，"4"代表东汉简牍卷（附东汉石刻）。

为了检索的方便，索引中的页码可以区分正文的不同部分。因此"索引用字表"中的页码字段也有对照表页码、辞例页码、断代对照总表页码等多个字段。这与一般工具书的索引有很大的不同。

数据库中根据笔画笔顺排序的总索引查询见表5-10。将此查询贴到Word文档，在不同笔画数的字之间增加空行，并标记笔画数，再隐藏中间三条竖分隔线以外的表格线，即成为最终出版纸质书的索引形式。

表5-10　总索引查询结果

索引输出_总		
索引项 **索引_总_对照表**	**索引_总_辞例**	**索引_总_断代表**
三 　1.10/1.35/1.36/2.27/2.95/2.95/ 2.95/2.95/2.95/2.98/2.104/ 3.17/3.61/3.61/4.28/4.28	1.67/1.232/1.359/2.159/2.162/ 2.539/2.839/2.878/2.879/ 3.102/3.402/3.716/4.103/4.166	241/303/303/303/303/ 303/306/310
干 　2.1/2.33/2.34/2.34/2.34/2.39/ 3.22/3.22/3.26/3.26/3.56/4.1	2.243/2.791/2.791/3.176/ 4.63	219/248/248/248/248/ 248/253/253/297
于 　1.53/1.53/1.53/2.138/2.138/ 2.140/3.28/3.73/3.87/3.87/ 3.87/3.88/4.13/4.36/4.41/4.41	1.79/1.105/1.188/2.436/3.282/ 3.282/4.85/4.85	256/321/329/340/340/ 340/340/341/341/341/ 342

第六章
基于Access的秦汉简帛文献用字统计分析

　　本章基于《秦汉简帛文献断代用字谱》（以下简称"《用字谱》"）中的用字数据，进行一些初步用字统计分析的举例性说明，举例时兼顾宏观统计和微观分析。《用字谱》是穷尽汇集秦汉简帛用字资料的工具书，这些用字有不少未见于传世典籍，极大地丰富了用字研究资源，对了解秦汉时期的实际用字情况具有重要价值。《用字谱》所收材料包括59种秦汉简帛以及东汉石刻，涉及文献总字数约980 000字。

　　为了表述方便，简帛文献中实际使用的字形称"用字"或"用字形式"。一个词时常有多种用字形式，在这些用字形式中，用来代表这个词的用字形式称"词形用字"，简称"词"。词在讨论时一般用{ }标记。例如，秦汉简帛中使用"挌"字记录格斗的{格}这个词，"挌"是用字，"格"是词形用字。

　　《用字谱》所依据的数据库结构已见本书第五章第四节。数据库中的文献来源、时代、篇章、具体位置等文本属性为用字的深入细致分析提供了必需的条件。本章所进行的统计分析基本上都可以运用本书第二章中所介绍的查询方法解决。例如，运用不重复项查询进行频率统计，运用交叉表查询进行断代分布、文献分布、篇章分布等方面的统计，运用排序功能进行用字形式在文献中分布位置的分析，运用各类聚合函数进行数据分析等。

第一节

用字总量统计分析

本章的讨论排除讹字。[1]排除讹字后,《用字谱》中的用字组共计59 338条。只要在查询中将"读为字"字段的条件设置为"Is Not Null",即可以在查询的数据表视图左下角的记录导航栏中看到记录总数。

不重复的用字组共计7 530组。这一数据可以通过"字头""读为字"两个字段的重复项查询获得,这一查询还可以显示用字组的实际使用频次。同时,也可以在只包含字"字头""读为字"两个字段的查询中,设置查询的唯一值属性为"是"进行数据筛选。

一 总体频率分布

各组用字的平均使用频率为7.88次。不过,各用字组的使用频率很不平衡。最高频的"毋(無)"共计1 686次。[2]只出现1次的用字组共有3 900组,约占用字组总数的52%。

通过针对用字组使用频次字段的重复项查询,可以了解不同使用频次的用字组数量(图6-1)。

---

[1] 讹字在数据库中单独标记。《用字谱》各分卷的《辞例》部分用"〈 〉"括注,在《文献分布频率对照表》中,用字形式后加 * 标记。

[2] 为了使字形明确,本章所使用的用字字形依据数据库中的原始字形,不改为现代简化字。

图6-1 设置重复项查询条件，查看用字组数量

表6-1显示按升序排列的频次小于等于5的低频用字组数量。

表6-1 低频用字组数量结果

频 次	数 量
1	3 900
2	1 245
3	553
4	373
5	207

表6-2分不同频次范围显示用字组的数量和占总用字组的比例。

表6-2 各频次范围的用字组数量及其占比

用字组的出现次数	用字组数量	占总用字组比例（%）
100次以上	76	1
99—50次	101	1.3
49—10次	633	8
9—5次	649	8.6
4次	373	5

统计分析

续　表

用字组的出现次数	用字组数量	占总用字组比例（%）
3次	553	7
2次	1 245	16.5
1次	3 900	52

从折线图（图6-2，横轴为使用频次，纵轴为用字组数量）大致可以看出，使用频次20—30是用字组数量在个位数和十位数之间的分水岭。由于极端数值的差距较大，此图显示的分水岭数据不是特别精确，可以参阅表6-3中的具体数据。

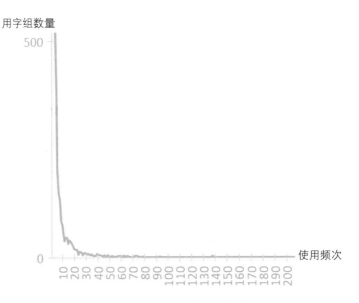

图6-2　使用频次与用字组数量分布折线图

表6-3为使用频次在15—35次之间的具体用字组数量。

表6-3　15—35次的用字组数量统计表

使用频次	用字组数量	使用频次	用字组数量
35	6	32	9
34	8	31	7
33	6	30	9

使用频次	用字组数量	使用频次	用字组数量
29	11	21	18
28	10	20	20
27	6	19	22
26	12	18	30
25	14	17	34
24	14	16	39
23	7	15	40
22	18		

二　最高频用字组

前五位的最高频用字组见表6-4。通过具体分析各组用字的情况，可以发现实际情况有相当大的差异。下面对此做一些初步的讨论。

表6-4　最高频用字组的数量分布

词	用字	频次	秦	西汉早期	西汉中晚期	东汉
無	毋	1 686	260	293	1 123	10
已	巳	1 661	418	509	674	60
其	亓	1 511	34	1 475	1	1
燧	隧	1 466		1	1 465	
值	直	1 020	82	25	788	125

（一）毋（無）

段玉裁《说文解字注》"毋"字条："汉人多用'毋'，故《小戴礼记》、今文《尚书》皆用毋，《史记》则竟用'毋'为有无字。"黄珊认为司马迁的生平年代与银雀山汉简墓葬的年代大体相当，"毋"字"在秦汉时用做动词是常见的文字使用现象"。[1]

西汉中晚期的西北屯戍汉简大部分都是应用性的文书。其中"毋（無）"和"毋"的副词用法在不同文献中虽有参差，但是总体来看数量基本一致（表6-5）。这应当是汉代实际用字情况的反映。

表6-5 "毋"和"毋（無）"的文献分布

用字	词	总计	敦煌	额济纳	金关	居延旧	居延新	地湾	英藏
毋		1 057	113	22	424	268	196	17	17
毋	無	1 059	74	15	326	272	359	13	

相反，"無（毋）"的例子要少很多（表6-6）。

表6-6 "無（毋）"的时代分布

用字	词	总计	秦	西汉早期	西汉中晚期	东汉
無	毋	24	2	2	11	9

段玉裁已经指出不同典籍的用字习惯并不一样。《古字通假汇典》收录的160个"毋（無）"例子中，不同文献的数量也很不一致。例如，《史记》和《汉书》的数量差别就很大（表6-7列举部分数据）。这种情况很可能是典籍在整理传抄过程中因改字而产生的。

表6-7 "毋（無）"在部分不同典籍文献的数量分布

书 名	数 量
《史记》	28
《书》	22
《礼记》	19

---

[1] 黄珊：《关于银雀山汉简"無""无""毋"从混用到分化的历史思考》，张显成主编：《简帛语言文字研究》第2辑，巴蜀书社，2006年。

续　表

书　　名	数　　量
《诗》	15
《战国策》	14
《论语》	8
《左传》	7
《管子》	6
《仪礼》	5
《老子》	4
《国语》	4
《逸周书》	3
《吕氏春秋》	2
《楚辞》	2
《孝经》	2
《周礼》	2
《公羊传》	2
《尔雅》	2
《汉书》	2

（二）巳（已）

裘锡圭先生曾经指出："'巳''已'本为一字，在汉代尚未分化。"[1]秦汉简帛中的"已"均写作"巳"。秦汉文字整理者的有些释文根据体例直接释"已"，字形应该都是"巳"。有些字形不清，只能根据语境直接释"已"。

（三）亓（其）

我们曾经对"亓""其"的使用情况有过讨论，认为在先秦时期，"亓"主要是东方六国的使用习惯，秦汉时期的"亓"可能只是战国东方六国用字习惯的

---

① 裘锡圭：《〈居延汉简甲乙编〉释文商榷》，原载《人文杂志》1982年第2—5期、1983年第1—4期。收入《裘锡圭学术文集·简牍帛书卷》，复旦大学出版社，2012年，第136页。

遗留。①

从数量上来看，这组用字的绝对频率虽然很高，但实际上"其"共有 5 667 例，数量远大于"丌（其）"。

这组用字主要分布在秦和西汉早期两个断代。西汉中晚期和东汉各只有 1 例。居延汉简 552.2B "☐二女同居，丌（其）☐"，字形作 ，此例可能是《周易》相关内容的抄录或引用。《革》卦象辞："二女同居，其志不相得曰革。"《睽》卦象辞："二女同居，其志不同行。"东汉《正直残碑》"亓辞曰"，字形作 ，应该是一种个人的偶然写法，汉碑中一般作"其辞曰"。

秦文献中的 34 例都只见于数术类文献。如岳麓秦简的《占梦书》有 16 例"丌"，1 例"其"，北大秦简的《禹九策》有 11 例"丌"，5 例"其"。②但是，同样是术数类文献，睡虎地秦简《日书甲种》102 例、《日书乙种》43 例均作"其"，只有《日书乙种》3 例作"丌"，使用习惯与《占梦书》《禹九策》正好相反，其中的原因需要进一步考察。

西汉早期文献中，"丌（其）"1 473 例，"其"1 713 例，数量差别不是特别人。"丌（其）"主要见于马王堆汉墓简帛、银雀山汉简抄写的古书中，保留先秦时期东方六国用字习惯的可能性很大。

（四）隧（燧）

这一组用字的统计有一些需要进一步讨论的地方。其中牵涉到字形确认与字际关系的认定，会影响到用字统计的结果。

1. 查看词形用字"燧"的使用情况

秦汉简帛中的烽燧之{燧}主要分布在西北屯戍汉简中。《用字谱》西汉中晚期卷中频次为 1970 的词形用字"燧"的字形情况其实比较复杂。

一种情况是字形不清或残缺者，各种著录一般直接释作"燧"。此字形从"遂"声，《玉篇·火部》释义为"以取火于日"。秦汉简帛中实际并未见到作此结构的形体。《玉篇·火部》所收的异体字"㸑"在秦汉简帛中也未见到。我们可以推

---

① 张再兴：《基于两周秦汉出土文献数据库的"丌（亓）""其"关系考论》，《中国文字研究》第 24 辑，上海书店出版社，2016 年。

② 据《北京大学藏秦简牍》（上海古籍出版社，2023 年）图版可知，72、79、90 简中的 3 例也是"丌"，只有 59、88 简中的 2 例确实为"其"。因此，数据当更正为 14 例"丌"，2 例"其"。

断：当时可能并不使用这一字形表示烽燧。《史记》《盐铁论》等汉代文献中见到的"燧"存在传抄过程中改字的可能。

另一种情况是可以看作"燧"字异体的"隊"（居延汉简478.4）、"燧"（居延汉简509.17、居延汉简239.102），此字形从灬（火），隊、隧为声符。

从表6-8的统计情况来看，"隊"明显是最为常见的写法。"燧"字典籍中并不常见。《汉书·韩安国传》："匈奴不敢饮马于河，置烽燧然后敢牧马。"颜师古注："燧，古燧字。"西北屯戍汉简中"燧"也有相当的数量，下所从的"火"均写作"灬"。

表6-8　"燧""隊"二字的文献分布

隶定字	总计	敦煌	居延汉简	居延新简	肩水金关	额济纳	地湾
燧	162	4	68	61	27	2	
隊	1 337	60	386	619	203	51	18

其中，有一类特殊的形体值得注意。从"灬"的形体有的时候会省写点。如（居延新简EPF22.356）、（居延新简EPT6.81）、（肩水金关汉简73EJF3:89）、（肩水金关汉简T09:086）。省写的点有时与上部构件粘连在一起，看起来不是很明显，如（肩水金关汉简73EJF3:108）。连写成横画的时候，这个横画有时写得很短，甚至就成了一点。例如，居延新简的（EPT68.96）、（EPF22.252）、（EPT4.80），肩水金关汉简的（73EJD:69）。居延新简EPF22.271中有三个形体可资比较：、、。

明显写成点的字例如居延汉简的（145.33）、（231.34）、（408.1），居延新简的（EPT52.230）、（EPF22.275）、（EPF22.83）、（ESC.107）、（EPF22.135），肩水金关汉简的（73EJF3:112）、（T23:079A）、（T23:666），敦煌汉简的（2146）。

此类形体有时被误释作另一常见用字形式"隊"。[1]如（敦煌汉简0332），

---

[1] 西北屯戍汉简中共见364例。

《敦煌马圈湾汉简集释》作"隧"；① （居延新简EPF22.354），《居延新简集释》作"隊"。②其实比"隊"的写法多了一点，应该是"隊"的省写。这种情况会影响用字统计的结果。

2. 分析确认具体用字形式的字形

西北屯戍汉简中最高频的用字形式为"隧"，字形如 （居延汉简142.12A）。这一字形《玉篇·阜部》释"墓道"，表示烽燧义时《汉语大字典》看作通假。但是，这类形体与下从"灬"的"隊"有时很难区分。"隧"所从"辶"左侧多有向下的竖笔，右侧多有向下钩笔或者捺笔。草写后左右两侧的特征不明显时，就似"一"形。如居延汉简的 （14.25）、 （220.16）、 （117.20）。而"隊"字下所从的"灬"时常会连写。连写的过程，有时点的形状还比较明显，如 （居延汉简231.14A）、 （肩水金关汉简T24:043）。更多的时候就是一条直线，如 （居延汉简214.34）、 （永元器物簿24）、 （居延汉简110.27）、 （肩水金关汉简73EJC:613）。这种情况下，不同的释读会影响到用字统计数据的结果。我们统计时，把线条比较长、雁尾比较明显的一类形体看作从"辶"，线条比较短、没有雁尾的一类形体看作从"灬"。

3. 梳理认定字际关系

除了字形的确认外，字际关系的认识也会在很大程度上影响用字统计的结果。"隧""隊"两种用字形式一般看作通用，③这自然没有问题，而从上述字形的书写实际来看，是省写的可能性也很大。

《说文解字·䧹部》烽燧之"燧"作"䥔"，段玉裁认为此为籀文。"䥔"字省去右侧的"臼"即为"䙣"，"䧹"部的另外两个字都存在这种省写的情况：䧹-陕、䥔-隘。《说文解字》篆文省作"䙣"，是更进一步省"辶"的写法。而词形用字"燧"同样可以看作是"䙣"省去"阝"的书写形式。"隧""隊"则是省"火"的写法。这样看来，{燧}的多种用字形式可能源于多种方式和层次的省写。这样的认识应该也比较符合西北屯戍汉简中字形省写比较常见的实际情况。

---

① 张德芳著：《敦煌马圈湾汉简集释》，甘肃文化出版社，2013年，第466页。

② 张德芳著：《居延新简集释（七）》，甘肃文化出版社，2016年，第511页。

③ 张德芳："隊、隧常通用。"见张德芳著《敦煌马圈湾汉简集释》0462A简注释，甘肃文化出版社，2013年，第497页。

以上省写过程可以图示如下：

⿲阝⿱㒸火阝→省右侧之𠂤→⿰阝⿺辶⿱㒸火→省辶→ ⿰阝⿱㒸火 →省火→隊

→省火→ 隧

→省左侧之𠂤→⿺辶⿱㒸火（燧）→省火→遂

图6-3 “⿲阝⿱㒸火阝”字的省写过程

从同一简中不同写法共见的情况来看，看作省写似更合理。例如：“⿰阝⿱㒸火”“隊”共见的例子如居延汉简的 （194.17）、 （157.5A）、 （68.36）、 （145.33）。“⿰阝⿺辶⿱㒸火”“隧”共见的例子如居延汉简 （3.14）。还有上下两栏写法不同的情况，如居延新简EPF22:461（图6-4）。

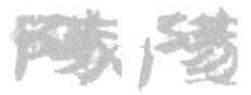

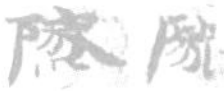

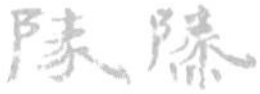

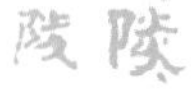

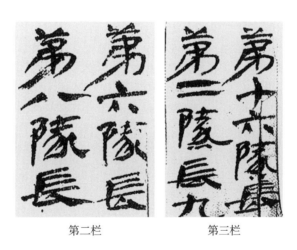

第二栏　　第三栏

图6-4 居延新简EPF22:461“⿰阝⿺辶⿱㒸火”“隧”两栏写法不同

如果看作省写，则这些形体其实都可以看作是《说文解字》所收本字“⿲阝⿱㒸火阝”的省写异体。

（五）直（值）

该组用字主要记录价值之{值}。《说文解字》释“值”的本义为“措”，朱骏声《说文通训定声》认为“经传多以置为之”。秦汉简帛中的“值”目前只见到4例，都是西汉中晚期以后的例子，[①] 而且部分例子的可靠性存疑。汉代典籍中的该组用字

① 敦煌汉简2014、2014A简、居延汉简129.26、五一广场汉简1832简。

例子也不少。[①]《汉语大字典》所引最早例子已是宋代。可见，"值"字用来记录价值的{值}的产生和流行的时间相当迟。

三 高频用字组

使用频次为100—999次之间的高频用字组共有71组（表6-9）：

表6-9 100—999次的高频用字组

序号	词	用字	频次	序号	词	用字	频次
1	太	大	949	18	飲	歈	286
2	他	它	786	19	罪	辠	275
3	謂	胃	617	20	凶	兇	273
4	願	顅	592	21	七	桼	271
5	也	皂	505	22	叟	収	266
6	刑	荆	538	23	伍	五	252
7	辭	辤	533	24	緉	兩	250
8	望	朢	510	25	敵	適	247
9	知	智	480	26	何	可	246
10	四	三	474	27	藏	臧	238
11	輛	兩	474	28	繫	毄	237
12	俸	奉	473	29	一	壹	222
13	按	案	452	30	魏	巍	219
14	又	有	445	31	算	筭	219
15	障	鄣	424	32	有	又	209
16	燧	隊	365	33	修	脩	203
17	債	責	338	34	保	葆	203

[①]《古字通假会典》收《史记》《汉书》《淮南子》的例子9例。见高亨纂著、董治安整理：《古字通假会典》，齐鲁书社，1997年，第408页。

续　表

序号	词	用字	频次	序号	词	用字	频次
35	梁	粱	200	54	敷	傅	137
36	褲	綺	189	55	徭	繇	136
37	返	反	187	56	漆	桼	135
38	事	吏	186	57	三	參	133
39	假	叚	179	58	汝	女	131
40	答	合	176	59	情	請	128
41	懸	縣	175	60	智	知	125
42	第	弟	168	61	殃	央	124
43	形	荆	164	62	烽	蓬	124
44	早	蚤	159	63	複	復	122
45	價	賈	155	64	奠	鄭	122
46	陣	陳	149	65	決	夬	108
47	嚮	鄉	148	66	鼓	鼔	108
48	傭	庸	146	67	洛	雒	107
49	贓	臧	140	68	置	直	105
50	暮	莫	138	69	最	冣	102
51	僦	就	137	70	荐	薦	102
52	擊	毄	137	71	遷	䙴	101
53	予	與	137				

　　其中,《古字通假会典》未收的用字组有19组,占26.76%：顝（願）、殹（也）、荆（刑）、兩（輛）、奉（俸）、隊（燧）、桼（七）、兩（緉）、綺（褲）、合（答）、荆（形）、臧（贓）、毄（擊）、就（僦）、傅（敷）、桼（漆）、蓬（烽）、鄭（奠）、鼔（鼓）。

　　对这些用字组进行详细的分析,可以了解典籍用字与秦汉简帛用字的差异。如

"荆"字典籍中已经不见使用,《古字通假会典》只收录大量"形—刑"用字组。岳麓秦简、马王堆帛书中"荆""刑"用法有所区别。[①]"顠"见于《说文解字》。邵瑛《说文解字群经正字》:"今经典皆借其声为愿欲字,而又弃繁就简,只用愿,不用顠。然古人似止作顠。"《汉语大字典》按:"'愿'字从战国到秦汉的鈢印、帛书、竹木简、碑刻大多作'顠',只有个别作'愿','顠''愿'二字同义,但《说文》收为不同义的两字。"[②]

四 一见用字组

一见用字组中,个别情况比较特殊。这与《用字谱》的体例有关。例如,筴(策—蒺),见于《五十二病方》166,"蒺蕳"为药名。《用字谱》收录"筴(策)"有32例,《古字通假会典》也有28例。

1. 一见用字组的比例

见用字组共3 900组,约占总用字组的52%。这 比例看起来颇高。如果按时代来看,所占比例要比总的比例低很多(表6-10)。其中,秦的比例最低。

表6-10 一见用字组的时代分布

分 卷	秦	西汉早期	西汉中晚期	东汉
一见用字组数量	531	1 754	1 053	562
占当前时代分卷用字组数的比例(%)	33	41	39	42
总用字组数	1 608	4 264	2 702	1 351

如果再细分文献来看,一见用字组的比例更低(表6-11)。比例最高的北大秦简仅为29%,里耶秦简、放马滩秦简比例更低,龙岗秦简最低。这种情况应当跟内部文献性质一致性相关。里耶秦简主要为官文书,放马滩秦简是日书,文献性质都相对比较单一。

---

① 张再兴主编:《秦汉简帛文献断代用字谱》(全四册),上海辞书出版社,2021年,前言第5—6页。
② 汉语大字典编辑委员会:《汉语大字典》(第二版),崇文书局、四川辞书出版社,2010年,第4686页。

表6-11　一见用字组秦简中的文献分布

类型	总计	睡虎地	北大	放马滩	里耶	龙岗	王家台	岳麓	周家台	散简
一见用字	531	195	122	33	49	2	8	100	19	3
一见用字比例（％）	33	26	29	15	16	5	24	22	20	9
不重复用字量	1 608	740	426	223	297	43	33	445	97	35
用字总量	10 261	3 488	869	1 044	1 761	100	74	2 573	283	69

2. 一见用字组的临时性

一般来说，一见用字组不会是习惯性的用字形式。一见用字组未见于《古字通假会典》者2 890组，约占74%。因此，可以认为大多数的一见用字组只是个人临时性的借用。特别是相对于有相反方向的习惯用字形式而言，例外的性质更加明显。如：娶（取）1例，取（娶）则有265例；敵（適）1例，適（敵）则有247例；何（可）1例，可（何）则有246例。

3. 一见用字组的非临时性

一见用字组见于《古字通假会典》者至少有1 010组，[①]约占26%。这说明这些用字组也见于典籍，不一定是个人的临时性借用。

有些用字形式则只是材料的局限，见到的数量少。例如，"閭（濾）"，《用字谱》所收只有《养生方》048中的1例，虎溪山一号汉墓竹简中出现了18例，[②]说明这应当是当时比较通行的一种用字形式。而"濾"字在字书中最早见于《玉篇》，典籍的用例也相当迟。

---

① 由于字形及字体使用问题，可能有少量用字组未能对应上，实际数量可能大于这个数字。另外，《古字通假会典》所收例子有些实际上应该属于出土文献，如《隶释》。例如，"麤—麁"，统计时不作区别。

② 湖南省文物考古研究所：《沅陵虎溪山一号汉墓》，文物出版社，2020年。

第二节
断代统计分析

许多词的用字形式具有鲜明的时代性。例如，段玉裁在《说文解字注》中时常用"汉人"一词指出汉代的用字特点。[1] 在时间跨度超过400年的秦汉时期内，用字也在不断发生变化。通过用字的断代统计分析，结合文献分布，可以发现不同断代的特色用字形式，也可以发现贯穿整个秦汉时期或者汉代的时代特色用字形式。只见于某个断代、在该断代分布于多种文献的用字形式，大致上可以认为是该断代的特色用字形式。

例如{侧}，秦简牍中未见该词，汉代共有7种用字形式。表6-12显示词形用字"侧"的频次仅在第3位。频次最高的"则"字分布在整个汉代，可见这是汉代最通行的用字形式。而"廁"字则只见于西汉早期，分布在马王堆简帛、张家山汉简、银雀山汉简，可以认为是西汉早期的特色用字。

表6-12　{侧}用字形式的时代分布

字	词	总　计	西汉早期	西汉中晚期	东　汉
则	侧	22	13	3	6
廁	侧	14	14		
侧		12	3		9

表6-13为《用字谱》所收用字的一些统计数据。

用字组总数占文献总字数比取小数点后2位，计算表达式为：

---

[1] 张再兴：《简帛材料所反映的汉代特色用字习惯》，《Journal of Chinese Writing Systems（中国文字）》，2019年第4期。

Round((［用字组总数］/［文献总字数］)*100,2)

用字组平均使用频率取小数点后2位，计算表达式为：

Round((［用字组总数］/［唯一用字组数］),2)

占总唯一用字组比取小数点后2位，计算表达式为：

Round((［唯一用字组数］/7530)*100,2)

汇总行中，文献总字数、用字组总数取合计。

表6-13 《用字谱》用字的部分统计数据

断代分卷	文献总字数	用字组总数	用字组总数占文献总字数比例	唯一用字组数	唯一用字组数占总唯一用字组数比例	用字组平均使用频率
1	165 514	10 261	6.2%	1 608	21.35%	6.38
2	222 620	22 380	10.05%	4 264	56.63%	5.25
3	498 991	22 757	4.56%	2 702	35.88%	8.42
4	91 895	3 940	4.29%	1 351	17.94%	2.92
汇总	979 020	59 338	6.06%	7 530[①]		7.88

用字组总数占文献总字数比例，在一定程度上能够说明用字形式的复杂程度。值得注意的是，不同的文献词汇差异往往很大，词的用字形式也相应地呈现很大的差异。某些用字形式常出现在某类特定文献中，如秦简牍中的用字组"晏（安）"，主要见于日书类文献。

从整体来看，不同时代的主体文献类型不同，反映出来的用字数量特点也不一样。因此，现有材料的断代比较不能完全反映时代变化特点。如西汉早期古书类文献较多，古书传抄过程中的改动、用字累积等因素导致用字形式比较丰富，用字组总数占文献总字数比例最高。西汉中晚期，西北屯戍汉简主要是应用性文书，而武

統計分析

---

① 各卷的唯一用字组有重复，所以其合计值要大于7 530。

威汉简《仪礼》是传抄古书,两个部分的用字组总数占文献总字数比例呈现很大的差异(表6-14)。

表6-14 西北屯戍汉简和武威汉简《仪礼》的用字数量比较情况

类　　型	文献总字数	用字组总数	用字组总数占 文献总字数比例
西北屯戍汉简	610 156	15 753	2.58
武威汉简《仪礼》	37 195	2 631	7.07

一 各断代特有用字形式

《用字频率断代对照总表》显示词的各种用字形式在四个断代中的使用频次。只要在查询中将其他三个断代的频次条件设置为0,即可筛选出各断代特有的用字形式。再关联各断代的《文献分布频率对照表》,即可显示断代特有用字形式的文献分布。高频的断代特有用字形式往往能够反映用字的时代特点。

1. 仅见于秦简牍的用字形式

秦汉简帛中仅见于秦简牍的用字形式共793组,其中一见用字组531组,占67%。表6-15列举频次为10次以上的用字组的文献分布。

表6-15 10次以上秦简特有用字组的文献分布

用字组	总计	睡虎地	里耶	放马滩	岳麓	龙岗	周家台	王家台	北大	散简
鼠(予)	63	19	1		39				4	
晦(畮)	61	4	18		22				14	3
挚(执)	43	14		29						
安(晏)	43			43						
翏(瘳)	24	24								
家(嫁)	24	22			2					
卿(乡)	23	12	2		9					
攴(枚)	22							21	1	

续　表

用字组	总计	睡虎地	里耶	放马滩	岳麓	龙岗	周家台	王家台	北大	散简
竸（竟）	21		4				16		1	
褒（袖）	19	1	2						16	
姓（眚）	18	18								
族（簇）	15			15						
酢（瘥）	15	15								
㱙（蒾）	14			14						
羸（蠃）	14	4			10					
兆（盗）	12	12								
包（保）	12	5	2		5					
厄（陋）	11	7							4	
红（功）	10	7	2		1					
延（延）	10			10						

据表中的数据显示，大部分用字组的文献分布并不广，反映出只见于秦代的用字常具有明显的文献特点。例如，记{瘥}仅见用"酢"，此组用字是睡虎地秦简日书中的特色用字。[①]

最高频的用字形式"鼠（予）"分布于多种文献，是秦代的通行用字形式（表6-16）。

表6-16　"鼠""予"秦简相关用字的文献分布

用字组	总计	睡虎地	岳麓	北大	放马滩	里耶	龙岗	周家台
鼠	43	9		5	10	17		2
鼠（予）	63	19	39	4		1		
予	56		28	2		24	1	1
予（與）	1					1		

① 刘艳娟、王斯泓、张再兴：《秦汉简帛文献中病愈义字词计量考察》，《中国文字研究》第29辑，上海书店出版社，2019年。

进一步的分析表明，这仅仅是秦统一以前的通行用字形式。岳麓简中秦统一后的律令均用"予"（表6-17）。这是秦实施"书同文"政策的结果。[1]里耶出土的更名木方"鼠如故，更予人"的记录表明给予的{予}从"鼠"到"予"的用字变化规定（图6-5）。

表6-17 "鼠（予）"在岳麓简的文献分布

用字组	总计	叁·一	肆·二	肆·三	伍·一	伍·二
鼠（予）	39	39				
予	28		6	6	11	5

四六一正

图6-5 里耶秦简更名木方

2. 仅见于西汉早期的用字形式

仅见于西汉早期简帛的用字形式共2 870组，其中一见用字组1 754组，占61%。表6-18列举使用频次为10次以上用字组的文献分布。

---

[1] 刘艳娟：《秦简牍文献用字习惯研究》，华东师范大学博士学位论文，2020年，第335、507页。

表6-18　10次以上西汉早期简帛特有用字组的文献分布

用字组	总计	马王堆	张家山	银雀山	孔家坡	凤凰山	阜阳	港大
掾（緣）	78	78						
朕（勝）	72	72						
軍（暈）	65	65						
勺（趙）	61	61						
処（處）	54	47					7	
呵（兮）	54	54						
復（孚）	45	40					5	
鍵（乾）	38	38						
牙（與）	37	37						
虒（榹）	35	9	1			19		
眽（脈）	34	33	1					
穨（癩）	32	25	7					
卑（椑）	32	9	1			18		
豙（喙）	28	28						
笱（後）	26	26						
耳（珥）	24	24						
温（脈）	22	22						
汗（閒）	21				21			
雎（疽）	19	18					1	
鶱（騫）	19			19				
拯（承）	19	19						
蹇（蹇）	19	16	1				1	
⿰酉夸（⿱艹酤）	19	19						
營（⿱𤇾贝）	18	15	2	1				
埂（亢）	18	18						
坑（瓬）	18	18						

续　表

用字组	总计	马王堆	张家山	银雀山	孔家坡	凤凰山	阜阳	港大
峇（杯）	18	18						
载（裁）	17	17						
昀（呴）	17	4	13					
巠（輕）	16	8		8				
迵（通）	16	15		1				
蹶（厥）	16	7	8	1				
女（如）	16	13		3				
最（撮）	16	16						
僮（動）	16	15		1				
去（虚）	16	16						
降（隆）	15	14		1				
緊（牽）	15	15						
昔（錯）	15	1	14					
無（撫）	14	1	13					
根（艮）	14	11			2			1
吾（悟）	14	14						
夾（挾）	14	9	5					
廁（側）	14	9	2	3				
咸（城–坎）	14	14						
袁（遠）	13	13						
倚（敵）	13			13				
达（奎）	13	13						
亯（亨）	13	13						
頪（糗）	12	12						
嚘（聰）	12	12						
之（蚩）	12	12						

续　表

用字组	总计	马王堆	张家山	银雀山	孔家坡	凤凰山	阜阳	港大
輿（欺）	12	7		5				
垣（壃）	12	3		9				
辰（震）	12	12						
矛（昴）	12	12						
虖（呼）	12	2	9	1				
欼（歠）	12	12						
聲（聖）	11	11						
夷（羡）	11	11						
周（週）	11	11						
槫（專）	11	1		10				
鄉（向）	11						11	
昭（招）	11	10		1				
癚（膽）	11	11						
閒（癇）	10	9	1					
雇（顧）	10		10					
溜（流）	10	8		2				
騷（瘙）	10	9	1					
溓（謙）	10	10						
奏（腠）	10	7	3					
翕（吸）	10	10						
回（圍）	10	2	2	6				
尤（疣）	10	10						
离（離）	10	10						
愚（遇）	10	10						
屄（尸）	10	10						
報（復）	10	5			4			1

统计分析

以上数据显示，大部分用字组的文献分布也并不广。例如，"掾（緣）"只见于马王堆一、三号墓遣策，"汗（閒）"仅见于孔家坡汉简。马王堆帛书中的"勺（趙）"的分布还具有明显的文献篇章特点。[①]{敵}在西汉时期的主要用字形式为"適"，"倲"字13例，仅见于银雀山汉简《壹：论政论兵之类》，且主要分布在此篇开头（6例）和结尾（5例），中间主要用"適"，共25例，还有少量的"啻"。{脉}的用字形式中，"温"仅见于《足臂十一脉灸经》，"脈"则见于《阴阳十一脉灸经甲本》《脉法》《阴阳脉死候》等篇。[②]

3. 仅见于西汉中晚期的用字形式

仅见于西汉中晚期简牍的用字形式共1 495组，其中一见用字组1 053组，占70%。表6-19列举频次为10次以上用字组的文献分布。

表6-19　10次以上西汉中晚期简牍特有用字组的文献分布

用字组	总计	北大	定州	敦煌	居旧	居新	金关	额济纳	地湾	武威	尹湾	上孙家寨	港大	英藏	散简
蓬（烽）	124			22	49	18	20	7	2						
鄭（奠）	122									122					
榦（韓）	96			6	28	16	45		1						
坐（座）	87			7	10	26	38	5	1						
苣（炬）	87			13	21	27	18	8							
蘭（闌）	78	1		1		16	44	15	1						
作（阼）	66									66					
袜（襪）	63			3	31	21	7							1	
或（侑）	61									61					
呼（轷）	60			6	23	20	7	4							
聑（攝）	56			14	3	5	22	1	11						
ㄙ（某）	53			33	3	12	5								
驚（警）	52			9	16	16	9	2							

---

① 陈怡彬：《〈战国纵横家书〉用字习惯内部差异考察》，张再兴、刘艳娟、林岚等著：《基于语料库的秦汉简帛用字研究》，广西师范大学出版社，2023年，第158—169页。

② 《阴阳十一脉灸经乙本》字形写作"胍"。

续　表

用字组	总计	北大	定州	敦煌	居旧	居新	金关	额济纳	地湾	武威	尹湾	上孙家寨	港大	英藏	散简
缁（總）	50									50					
壔（堊）	43			1	15	15	6	3	3						
偶（耦）	40									40					
丸（紈）	35	1									15				19
相（箱）	34				6		28								
坐（赻）	34				10	17	7								
资（齊）	33	1								32					
枡（笄）	32									32					
咶（坼）	31				14	11	3	3							
淵（彌）	30			8	10	8	4								
州（酬）	29									29					
率（帥）	28			11	4	11	2								
橐（駞）	27			10	8	6	2				1				
荆（釗）	26									26					
佗（駝）	26			10	8	5	2				1				
柧（觚）	24									24					
邊（籩）	23									23					
幕（幂）	22									22					
浣（盟）	20									20					
墊（贄）	19									19					
犢（贛）	18				2	5		3		5	3				
券（希）	17			4	1	4	8								
貳（敊）	17	17													
繻（襦）	17				2	5				1	9				
符（扑）	17									17					
廖（廯）	16				7	8					1				
護（獲）	16									16					

续 表

用字组	总计	北大	定州	敦煌	居旧	居新	金关	额济纳	地湾	武威	尹湾	上孙家寨	港大	英藏	散简
横(赣)	16			2	4	3	7								
竢(俟)	16									16					
驯(训)	15	15													
汁(渻)	15									15					
角(爨)	15						13		2						
選(馔)	15									15					
偷(愈)	15				9	2	4								
鋜(鞥)	15				1	11		3							
苐(弟)	13					2	11								
常(长)	13			4		4	4	1							
绶(受)	13									13					
齋(劑)	13				4	7	1	1							
逢(烽)	13			9	1		3								
樵(譙)	13				10		1	2							
埻(準)	12			1	9	2									
升(脊)	12									12					
膌(脊)	12									12					
豆(登)	11				8	1	2								
循(幗)	11				1	4	5		1						
拘(鈎)	11			2	3	4	1		1						
齋(嚌)	10									10					
盧(轳)	10				5	2	1				2				
幹(韓)	10			8			2								
菑(甾)	10						9				1				
汗(寒)	10				4	4	1	1							
也(他)	10		2							7			1		
胳(骼)	10									10					

以上数据显示，西北屯戍汉简的用字习惯具有相当的一致性。武威汉简《仪礼》的用字具有明显区别于同时期其他材料的特点。

4. 仅见于东汉时期的用字形式

仅见于东汉简牍和石刻的用字形式共738组，其中一见用字组562组，占76%。由于文献总量偏少，频次为10次以上的用字组仅2组。表6-20列举频次为5次以上用字组的文献分布。

表6-20　5次以上东汉简牍和石刻特有用字组的文献分布

用字组	总　计	东牌楼	五一广场	石　刻
寔（實）	11			11
讚（贊）	10			10
艾（乂）	9			9
隕（殞）	8			8
戯（呼）	8			8
寔（是）	8			8
堋（塴）	7			7
曜（耀）	7			7
暘（暢）	7			7
珪（圭）	7			7
鑠（爍）	6			6
欿（坎）	6			6
捄（救）	6		3	3
徂（殂）	6			6
台（臺）	6			6
鷹（鷹）	6			6
公（愳）	6	6		
襃（懷）	6			6
蹇（蹇）	6			6

续 表

用字组	总 计	东牌楼	五一广场	石 刻
藐（邈）	5			5
佁（詒）	5		5	
掩（奄）	5			5
梨（黎）	5			5
刑（形）	5			5
姿（資）	5			5
彣（文）	5			5
懽（歡）	5			5
兆（姚）	5			5
寮（僚）	5			5
文（汶）	5			5
師（獅）	5			5

石刻基本是书面语言，用字形式特别丰富。在仅见东汉的用字组中，仅见于石刻者共607组，占了82%。最高频的用字形式"寔（實）"，典籍中也多见通用。[1]

目前所见东汉简牍多为官私文书，用字形式相对比较统一。表6-20所列用字组中，见于简牍者仅3组。

"捄（救）"用字组见于石刻3例，五一广场汉简3例，《用字谱》尚未收录的《长沙五一广场东汉简牍》（叁）—（伍）尚有5例，总计11例。《说文解字·手部》："捄，盛土于梩中也。一曰扰也。"据此，用作"救"当是借用。《集韵》以为"救"之或体，[2]颜师古《汉书》注以为"救"之古字。[3]据此，则二者可以看作是异体。

长沙东牌楼东汉简中的用字组"公（悤）"，下有重文号，即"匆匆"。此为书信习语，或用"怱""苍"。字形及所出简号见图6-6。其中，069各家原释"怱"，也当是"公"。各家所释的"公"可能是"悤"所从"囪"的草化简写形体。

---

[1] 王力：《同源字典》，商务印书馆，1982年，第115页。

[2] 《集韵·宥韵》："捄，《说文》：'止也。'或从手。"方成珪考正："《说文》无捄字，当以救为正。"

[3] 《汉书·董仲舒传》："将以捄溢扶衰，所遭之变然也。"颜师古注："捄，古救字。"

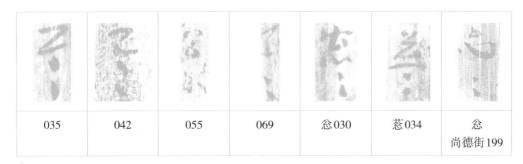

| 035 | 042 | 055 | 069 | 㤾030 | 苍034 | 㤾
尚德街199 |

图6-6　"公（恩）"用字组的字形及出处

"佁（詒）"《用字谱》收录5例，后续出版的《长沙五一广场东汉简牍》（肆）还有1257简的1例。"佁"字《说文解字》释"痴皃"，西汉简帛还常用作"似"（马王堆帛书、北大汉简各3例，银雀山汉简1例），也用作"殆"（马王堆帛书2例）、"始"（马王堆帛书1例）。

秦、西汉简帛中均使用"紿"记｛诒｝，共有12例。《说文解字》释"相欺诒也"的"詒"字用例很少，且均不用作欺诒义。睡虎地秦简《日书甲种》2例用作"怡"，东汉石刻1例则用作"迨"。典籍中的"詒"字则常用作"贻"。[①]

可见，秦汉时期欺诒义经历了从"紿"到"佁"的变化，而本字"詒"反而罕见表示本义。

二　各断代共有用字形式

秦汉简帛中各断代共有用字形式反映了用字习惯的延续性。极低频的二见用字形式中，尚有257例见于不同断代，占了二见用字总量的20.64%。

1. 四个断代共见的用字组

四个时代共见的用字组相对较少，只有173组。这跟各时代的文献数量和主要文献内容差异巨大有关。其中，见于《古字通假会典》者133组（表6-21列举总计频次在100次以上的用字组），不见于《古字通假会典》者40组（表6-22）。

---

① 《说文解字》新附："贻，赠遗也。经典通用诒。"用例可见高亨纂著、董治安整理：《古字通假会典》，齐鲁书社，1997年，第393页。

统计分析

表6-21　100次以上四个时代共见用字组

用字组	总　计	秦	西汉早期	西汉中晚期	东　汉
毋（無）	1 686	260	293	1 123	10
直（值）	1 020	82	25	788	125
大（太）	949	31	201	538	179
它（他）	786	384	146	253	3
辡（辭）	533	104	72	260	97
朢（望）	510	20	81	377	32
案（按）	452	35	26	335	56
有（又）	445	158	197	88	2
鄣（障）	424	6	6	410	2
責（債）	338	81	7	229	21
皋（罪）	275	270	1	?	?
取（娶）	265	111	134	17	3
五（伍）	252	211	20	20	1
臧（藏）	238	60	98	61	19
嗀（繫）	237	113	75	31	18
壹（一）	222	31	118	62	11
筭（算）	219	11	71	123	14
巍（魏）	219	26	82	83	28
脩（修）	203	8	57	61	77
葆（保）	203	19	20	162	2
反（返）	187	4	55	115	13
縣（懸）	175	13	29	129	4
蚤（早）	159	12	29	108	10
賈（價）	155	41	22	86	6
陳（陣）	149	1	118	29	1
鄉（鄕）	148	26	86	31	5

续　表

用字组	总　计	秦	西汉早期	西汉中晚期	东　汉
庸（傭）	146	25	6	114	1
莫（暮）	138	29	44	59	6
與（予）	137	16	13	70	38
繇（徭）	136	94	27	10	5
參（三）	133	55	66	10	2
女（汝）	131	1	21	90	19
央（殃）	124	21	84	16	3
夬（決）	108	52	49	6	1
雒（洛）	107	4	6	80	17
薦（荐）	102	5	4	83	10

表6-22　未见于《古字通假会典》的四个时代共见用字组

用字组	总　计	秦	西汉早期	西汉中晚期	东　汉
巳（已）	1 661	418	509	674	60
亓（其）	1 511	34	1 475	1	1
顚（願）	592	13	68	480	31
刑（刑）	538	52	326	154	6
兩（輛）	474	4	4	465	1
臧（贓）	140	58	20	35	27
轂（擊）	137	46	80	10	1
傅（敷）	137	3	125	1	8
説（悦）	90	21	48	13	8
虫（蟲）	75	16	49	4	6
糶（糴）	70	8	10	51	1
見（現）	64	10	20	31	3
灪（讟）	59	29	24	4	2

续　表

用字组	总　计	秦	西汉早期	西汉中晚期	东　汉
循（巡）	52	11	2	37	2
栖（杯）	51	8	33	9	1
埶（勢）	48	1	40	4	3
布（佈）	47	15	7	9	16
挌（格）	45	1	12	15	17
猷（猶）	42	1	35	5	1
彊（强）	33	2	1	26	4
繇（由）	30	1	26	1	2
狠（墾）	28	15	5	3	5
扁（遍）	28	3	4	20	1
巳（以）	22	2	4	14	2
罔（網）	22	5	10	4	3
攺（改）	22	5	1	12	4
勮（劇）	21	4	5	10	2
栂（梅）	21	1	13	1	6
文（紋）	21	1	5	12	3
招（招）	18	12	2	3	1
没（殁）	18	1	8	1	8
宰（滓）	16	1	8	2	5
歹（朽）	13	6	1	2	4
柜（矩）	13	1	5	2	5
説（脱）	13	2	8	2	1
讎（仇）	12	3	6	2	1
虚（墟）	12	2	3	3	4
桃（逃）	8	1	2	3	2
黨（倘）	8	2	1	4	1
辟（澼）	8	2	3	2	1

不见于《古字通假会典》的用字组有的是秦汉简帛中字形尚未分化的字，如"巳（已）"。有些词形用字另有他用，如"臧（賍）"，"賍"字共7例，均见于马王堆遣策、签牌，字形作"臧"，记录收藏的{藏}。有些词形用字见于其他类型的文字材料，具体功能尚不明确，如"布（佈）"，"佈"见于汉印"李子佈"。[①]有的是后世混同合并的字，如"顗（願）""荆（刑）""挌（格）"等。这些用字组呈现出与传世典籍不一样的用字面貌，对于了解典籍传抄和整理过程中用字的改动具有重要意义。

四个断代共见的用字组往往能够反映整个秦汉时期的用字特点。如"説（悦）"，《汉书》"悦"字依然罕见。再如"瀗（讖）"，《说文解字》收"瀗"，释为"议辠"。秦汉简帛文献中只用"瀗"，四个断代共见，因此，"瀗"字是当时的通行写法，见于《汉书》《玉篇》的"讖"字应该是一个后起的字形。

2. 汉代共见的用字组

汉代三个断代（西汉早期、西汉中晚期和东汉）共见的用字组共137组。表6-23列举频次在50次以上的用字组。

表6-23　50次以上汉代特有用字组

用字组	总　　计	西汉早期	西汉中晚期	东　　汉
奉（俸）	473	10	459	4
两（緉）	250	19	230	1
荆（形）	164	142	19	3
知（智）	125	105	13	7
粗（俎）	98	2	95	1
幣（敝）	88	6	78	4
糸（絲）	73	2	70	1
姦（奸）	68	13	19	36
延（筳）	59	1	57	1
川（坤）	52	32	1	19

① 赵平安、李婧、石小力：《秦汉印章封泥文字编》，中西书局，2019年，第719页。

这些用字组具有不同的特点。例如，"奉（俸）"反映了"俸"字的产生比较迟。"俸"字《说文解字》未收，《玉篇》收录，释为"俸禄"。秦汉简帛中目前只见尚德街简牍中的1例。再如，"川（坤）"只见于《周易》类文献中，实际上是"乾坤"之"坤"的特殊写法。"糸（絲）"主要见于西北屯戍汉简，可能是一种省写。

三 用字频次的断代变化

四个断代共见的用字组频次比例的变化，往往能够反映用字习惯的变化过程。对秦汉简帛用字频次的变化进行深入的比较分析，可以对用字变化的时间进行相对精确的定位，总结用字变化的发展趋势，进而探究背后的变化原因。用字习惯变化的研究中，词形用字的使用频次常常是需要考虑的比较因素。

例如，"五（伍）"相对于"伍"的比例在不断降低，这反映了两者之间的更替过程。如果单纯从数量上看，西汉早期和西汉中晚期的频次都是20次，就看不出变化（表6-24）。

表6-24 "伍（五）""伍"的时代分布

类　型	秦	西汉早期	西汉中晚期	东　汉
"五（伍）"的频次	211	20	20	1
"伍"的频次（未排除可能的其他用法）	59	30	46	24
"五（伍）"与"伍"的使用比例	3.58	0.67	0.43	0.04

再如"取（娶）"，虽然"娶"的绝对数量很少，但是从与"取（娶）"的数量对比中可以明显看到其逐渐增长的趋势（表6-25）。

表6-25 "取（娶）""娶"的时代分布

用字组	总　计	秦	西汉早期	西汉中晚期	东　汉
取（娶）	265	111	134	17	3
娶	8			6	2

断代变化趋势中，有些用字的数据变化趋势相对比较和缓，如"從（縱）"（表6-26）。东汉时期的1例见于东汉早期的武威医简第49简。

表6-26 "從（縱）""縱"的时代分布

用字组	总　计	秦	西汉早期	西汉中晚期	东　汉
從（縱）	84	31	41	11	1
縱	69	17	29	16	7

有些用字的变化很剧烈，甚至在某个断代消失不见。如"皐（罪）"，秦简牍中"皐"的例子远远超过"罪"字。《说文解字·辛部》："秦以皐似皇字，改为罪。"西汉早期开始"皐"只有个别的例子（表6-27）。西汉早期的1例见于马王堆帛书《阴阳五行甲篇·刑日占》第7行，这是马王堆帛书中时代最早的抄本。[①]而《阴阳五行乙篇·刑日占》中相对应的字写作"罪"。东汉的2个例子均见于《孔宙碑》。再如"可（何）"，西汉早期开始"可（何）"只有个例，东汉时期已不见（表6-28）。

表6-27 "皐（罪）""罪"的时代分布

用字组	总　计	秦	西汉早期	西汉中晚期	东　汉
罪	1 318	88	363	595	272
皐（罪）	275	270	1	2	2

表6-28 "可（何）""何"的时代分布

用字组	总　计	秦	西汉早期	西汉中晚期	东　汉
何	1 458	86	459	727	186
可（何）	246	240	4	2	

在根据断代用字数据研究用字习惯演变的过程中，罕见用字组常常能够反映用字习惯萌芽或者消失的趋势。如"北（背）"，在西汉中晚期趋于消失，而"背"在

---

① 裘锡圭主编：《长沙马王堆汉墓简帛集成》，中华书局，2014年，第五册第66页。

西汉早期尚处在萌芽的过程中（表6-29）。

表6-29 "北（背）""背"的时代分布

用字组	总　计	秦	西汉早期	西汉中晚期	东　汉
北（背）	66	22	41	3	
背	17		1	14	2

第三节
用字形式数量统计分析

　　字词对应关系一直是用字研究关注的重点。本节从两个视角进行一些统计分析。从"词"的视角，考察记词用字的数量，即一个词用多少字来记录。从"字"的视角，考察字的记词功能，即一个字记录多少词。

　　在《用字谱》中，各卷的《文献分布频率对照表》以及见于末卷的《用字频率断代对照总表》都是按照词形用字的读音顺序排列的。每个词形用字下能够查看这个词的所有用字形式及其频次。

　　在查询设计视图中，运用不同的总计函数，可以对用字形式进行一些总体性的统计。见图6-7。

图6-7　设置查询的总体数量统计

数据表视图显示查询结果见表6-30：

表6-30　总体数量统计结果

词	用字组数	频率合计	最高频率	最低频率	平均频率
動	12	57	16	1	4.75
靜	10	21	4	1	2.1

词	用字组数	频率合计	最高频率	最低频率	平均频率
资	9	37	20	1	4.11
呼	9	65	15	1	7.22
逾	9	41	20	1	4.56
正	9	30	17	1	3.33

一　词的用字形式数量概貌

针对《用字谱》收录的7 530个不重复用字组，根据"读为字"字段使用重复项查询，统计出"读为字"字段的数量为3 985个，也即3 985个不重复的词。[①]再根据不重复的词的用字形式数量进行重复项查询，可以得出使用不同用字形式的词的数量（表6-31）。

表6-31　词的不同用字形式的数量概貌（部分）

用字形式数	词　数	占比（%）	用　字　形　式
12	1	0.25	動（䡀重踵僮童撞瞳墥穜橦㠩銅）
10	1	0.25	靜（靚情清靖倩諍淨爭竫積）
9	4	1	資（䉪姿憤潗齎盭茨桼訾） 逾（蹸俞隃褕菕庮緰瑜揄） 正（政征堤瘇裎誠定证跰） 呼（謼乎虖嘑戲歔歟評墵）
8	9	2.26	功（攻紅工公貢傇龐愩） 愈（愈俞偷偷裔揄逾諭） 既（暨氣溉瀣即幾怎壐） 彼（皮被坡罷頗彼波） 與（牙予輿餘舉葍冶豫） 脫（挩説兑突奪悅涗税） 逸（失劮佚泆勞怢鄈泆） 奇（畸觭猗倚何柯苛琦） 彴（橅撫㒩弶符付村拊）

---

① 此统计数据忽略一个词形用字表示多个词的同形词情况。

用字形式数	词　数	占比（%）	用　字　形　式
7	15	3.76	以下略
6	58	1.46	
5	115	2.89	
4	223	5.60	
3	469	11.77	
2	983	24.67	
1	2 107	52.87	

由以上统计数据分析可以发现，除了两个用字形式最多的词之外，随着用字形式数量的减少，词的数量则成倍增加。词的多种用字形式大多呈现出声符多样化特点，但同声符字仍然占主导。

一词用多个字形记录的情况中，具有6种以上用字形式的词占比不到10%。一词用二字和三字记录的超过36%，是一词使用多字的主体。

只有一种用字形式的词占了一半以上。[①]这些词的唯一用字组的频次为1次者有1 165个，占55%。其中的高频用字组往往能够反映秦汉时期的特色用字习惯。例如，车辆的{辆}，秦汉简帛中均用"两"。"辆"是一个很晚起的字，秦汉简帛中未见，《正字通·车部》："辆，通作两。"

表6-32为降频排列的频次在50次以上的只有一种用字形式的词，共计43组。

表6-32　50次以上单一用字组的时代分布

词	字	总　计	秦	西汉早期	西汉中晚期	东　汉
刑	荆	538	52	326	154	6
辆	两	474	4	4	465	1

① 此统计数据不包含词形用字。下文讨论中将会根据实际需要使用词形用字的数据。词形用字的统计数据见于《用字谱》各卷附录《词形用字用例出处总表》。该附录提供电子版。下载网址：http://cishu.com.cn/yongzipu。

续　表

词	字	总　计	秦	西汉早期	西汉中晚期	东　汉
俸	奉	473		10	459	4
债	責	338	81	7	229	21
伍	五	252	211	20	20	1
一	壹	222	31	118	62	11
懸	縣	175	13	29	129	4
第	弟	168	6		139	23
傭	庸	146	25	6	114	1
徭	繇	136	94	27	10	5
智	知	125		105	13	7
奠	鄭	122			122	
荐	薦	102	5	4	83	10
最	冣	102	64	3	35	
政	正	98	3	63	31	1
逮	逯	97	39	21	29	8
杆	干	95		1	94	
攻	功	92	2	81	7	2
座	坐	87			87	
炬	苣	87			87	
縱	從	84	31	41	11	1
位	立	83	9	64	10	
闌	蘭	78			78	
蟲	虫	75	16	49	4	6
菽	叔	74	36	35	2	1
大	泰	74	41	16	17	
絲	糸	73		2	70	1
裳	常	73	15	21	37	

续　表

词	字	总　计	秦	西汉早期	西汉中晚期	东　汉
雖	唯	72	8	41	23	
銖	朱	71	39	32		
燿	耀	70	8	10	51	1
阼	作	66			66	
穎	穎	66	3	1	49	13
現	見	64	10	20	31	3
畮	晦	61	61			
侑	或	61			61	
魅	失	60	6	54		
筐	匪	59			53	6
筵	延	59		1	57	1
諾	若	56	3	13	23	17
覆	復	55	7	41	6	1
處	处	54		54		
坤	川	52		32	1	19

二　用字形式数量最多的词

秦汉简帛中用字形式最为丰富的词为{動}、{静}，前者有12种用字形式，后者有10种用字形式。

1.{動}

{動}的12种用字形式主要为"童"声字和"重"声字，这两个字作为声符经常可以通用。两种形式的总计使用频次为57次，总体上不及词形用字"動"字的使用频次（表6-33）。

表6-33 "動"作用字形式与词形用字的时代分布

用 字	词	总 计	秦	西汉早期	西汉中晚期	东 汉
動		240		193	27	20
動	慟	2			2	
動	重	2		1	1	
動	撞	1		1		

{動}的多种用字差异具有比较明显的分布规律，主要集中在西汉早期。秦简牍的2例均见于睡虎地秦简《日书甲种》。具体用字频次的断代分布见表6-34。

表6-34 {動}用字形式的时代分布

用 字	总 计	秦	西汉早期	西汉中晚期	东 汉
僮	16		16		
埵	16	1	15		
童	9	1	8		
重	3		3		
壋	2		2		
銅	2		2		
膧	2		2		
踵	2		2		
撞	2		2		
達	1		1		
橦	1		1		
穜	1		1		

而西汉早期的用字形式差异则又集中在马王堆简帛中（表6-35）。这应该与马王堆简帛多传抄古书，文献来源极其复杂相关。

表6-35　西汉早期{動}用字形式的文献分布

用　字	总　计	马　王　堆	银　雀　山	张　家　山
僮	16	15	1	
蓮	15	15		
童	8	2	5	1
重	3	3		
墥	2			2
銅	2	2		
瞳	2	2		
踵	2	2		
撞	2	2		
逪	1		1	
橦	1			1
種	1		1	

不过高频的用字形式在文献分布上具有一定的规律。如"蓮"，只见于三号墓医书简《天下至道谈》。"僮"，有12例见于《周易》卷后古佚书《衷》篇。

2.{靜}

{靜}的各种用字形式总频次为21次，总体上也不及词形用字"靜"的使用频次（表6-36）。

表6-36　"靜"作用字形式与词形用字的时代分布

用　字	词	总　计	秦	西汉早期	西汉中晚期	东　汉
靜		142	3	107	19	13
靜	爭	4		4		

{靜}的用字形式的频次及时代分布见表6-37。

表 6-37　{静}用字形式的时代分布

用　字	总　计	秦	西汉早期	西汉中晚期	东　汉
靚	4		4		
情	3		3		
清	3	2	1		
靖	3	2	1		
諍	2		2		
淨	2			1	1
爭	1		1		
倩	1	1			
竫	1				1
積	1		1		

与{動}的用字形式频次相比，{静}的用字形式中最高频的也只有4次，各用字形式之间的使用频次差异较小。

{静}的用字形式主要可以分为从"争"声和从"青"声两组。"争""青"古音韵同声近可以通用。[①]从总体数量来看，"青"声字多于"争"声字。秦只用"青"声字；西汉早期多用"青"声字，开始用"争"声字；中晚期以后只用"争"声字。从整体上看，{静}的用字选择具有从"青"声字向"争"声字转移的趋势。

三　用字形式的地位差异：只有一种高频用字形式的词

记录一个词的多种用字形式的频次往往不同，不同频次能够反映其地位的差异，也就是其通用程度的差异。不过，总体上的频次差异并不一定能够准确反映地位差别，需要进行深入的断代分布、文献分布、篇章分布的分析，以及在篇章中的出现顺序分析，才能进一步明确具体的使用情况。例如："汗（閒）"21例，频次不低，但只见于孔家坡汉简《日书》，文献分布不广。"汗（寒）"10例，见于居延汉

---

① 典籍中也不乏"静"与"争"声字、"青"声字通用的例子。参《古字通假会典》第66—67页。

简、居延新简、肩水金关汉简、额济纳汉简等西北屯戍汉简，此是当时常见的用字形式。

在不同用字形式中，具有比较高的频率，同时具有一定的文献分布广度和多个时代分布者可以看作是比较通用的用字形式。在断代层面，文献分布的广度反映了是否为某个断代的用字习惯；在历时层面，断代分布广度反映了是否为整个秦汉时期的用字习惯。

下文以用字形式比较多的一些词为例进行讨论。

在具9种用字形式的4个词中，{资}{逾}{正}三个词都具有一种特别高频的用字形式，其余用字形式的频次大多较低。最高频用字形式与其他用字形式之间的频次差异非常明显。

1.{资}

{资}的断代用字数据见表6-38。

表6-38　{资}用字形式的时代分布

用　字	总　计	秦	西汉早期	西汉中晚期	东　汉
齎	20	13	6	1	
姿	5				5
懑	3				3
潽	2		2		
齐	2	1			1
盍	2		2		
茨	1		1		
粢	1	1			
訾	1			1	

"齎"共20例，见于三个时代，秦简牍的13例见于睡虎地秦简、里耶秦简，西汉早期的6例见于马王堆简帛、张家山汉简、银雀山汉简。这组用字可以看作是一种具有相当通行程度的用字形式。此外，《古字通假会典》也收了17个例子，说明典籍中也比较常见。不过西汉中晚期以后，记录{资}的用法比较罕见，"齎"的

"携、持"义用法更为常见。

2. {逾}

{逾}的断代用字数据见表6-39。

表6-39　{逾}用字形式的时代分布

用　字	总　计	秦	西汉早期	西汉中晚期	东　汉
踰	20		1	4	15
俞	7		5	2	
隃	7	5	1	1	
榆	2		2		
萮	1		1		
瘉	1		1		
緰	1		1		
塎	1		1		
揄	1				1

"踰"共20例，见于三个时代，且数量呈上升趋势。东汉时期的此组用字主要见于石刻，也见于五一广场汉简。《说文解字》释"逾"为"遁进"，释"踰"为"越"，意义并无明显差别。秦汉简帛石刻中"踰"是一种明显的通行用字形式，词形用字"逾"则很罕见。

3. {正}

{正}的断代用字数据见表6-40。

表6-40　{正}用字形式的时代分布

用　字	总　计	秦	西汉早期	西汉中晚期	东　汉
政	17		5	12	
佂	3		1	2	
堤	2		2		
癜	2		2		

用　字	总　计	秦	西汉早期	西汉中晚期	东　汉
裳	2			2	
誠	1			1	
定	1		1		
证	1		1		
𧿹	1		1		

最高频的"政"，西汉早期的5例见于马王堆简帛、银雀山汉简，西汉中晚期的12例见于北大汉简、定州汉简、武威汉简《仪礼·甲本泰射》。政（正）是一种比较流行的用字形式。

四　用字形式的地位差异：具有多种高频用字形式的词

秦汉简帛中，同时具有多种高频用字形式的词数量并不多，在拥有6—8种用字形式且最高频大于10的词中，第一高频与第二高频差异小于等于3的只有5例。而这些数量差异不大的高频用字组在时代、文献分布上一般有明显的特征。同一文献中多种形式并见的情况较少出现，如果有，一般字际关系比较密切，如同源分化等，此类用字甚至可以看作异体。

（一）具有比较明显的时代分布差异

{愈}的断代用字数据见表6-41。

表6-41　{愈}用字形式的时代分布

用　字	总　计	秦	西汉早期	西汉中晚期	东　汉
愈	22			10	12
俞	21		15	6	
偷	15			15	

西汉中晚期的用字形式相对比较复杂。数据见表6-42。

表6-42　西汉中晚期{愈}用字形式的文献分布

用字	总计	马王堆	银雀山	张家山	北大汉简	敦煌	额济纳	金关	居延	居延新
儊	22					2	1	3	2	2
俞	21	14		1	4				1	1
偷	15							4	9	2

分析以上两个表的数据可以发现，"俞"的使用时代相对偏早，"儊"则明显偏晚，出土于东汉早期墓葬的武威医简均用"儊"字。西汉中晚期，两种用字形式都可见，不过"俞"集中在北大汉简，西北屯戍汉简习惯使用"儊"字。相较于西汉中晚期其他文献，北大汉简皆属于典籍，其用字形式与西汉早期有较高的一致性。

（二）具有比较明显的文献分布差异

1. {専}

{専}的断代用字数据见表6-43。

表6-43　{専}用字形式的时代分布

用字	总计	秦	西汉早期	西汉中晚期	东汉
剸	14	1	13		
槫	11		11		
傳	3		3		
端	1			1	
湍	1	1			
轉	1	1			

{専}的两种高频用字形式数量差异不大。"剸"共14例，秦简牍1例，西汉早期13例。"槫"共11例，均在西汉早期。两种用字形式均不止在一种文献中出现。但是，不同文献的数量差异明显："剸"主要见于《老子甲本卷后古佚书·九主》等篇，"槫"则主要见于银雀山汉简《孙子兵法》《壹：论政论兵之类》等篇（表6-44）。

表6-44　西汉早期简帛{專}高频用字形式的篇章分布

用字	总计	称	九主	明君	衷	纵横家书	孙膑兵法	论政论兵之类	孙子兵法	尉缭子
剸	13	1	8	1	1	1	1			
槫	11					1	1	3	5	1

2. {既}

{既}的断代用字数据见表6-45。

表6-45　{既}用字形式的时代分布

用　字	总　计	秦	西汉早期	西汉中晚期	东　汉
曁	19		13	5	1
氣	15		10	5	
溉	11	3	3	5	
澮	8		3	5	
即	2		1		1
幾	2		2		
悉	1		1		
壐	1			1	

{既}的两种高频用字形式"曁""氣"均见于西汉时期。西汉早期用"氣"的10例均见于银雀山汉简的《壹：论政论兵之类》后面部分的1545—1578简；银雀山汉简中的7例"曁"的分布则较广，见于《孙膑兵法》《六韬》《贰：阴阳时令、占候之类》等篇，《壹：论政论兵之类》前面部分的1222简也有1例。马王堆简帛的6例"曁"的篇章分布也比较分散，见于《九主》《战国纵横家书》《天下至道谈》《木人占》《天文气象杂占》。西汉中期北大汉简两种用字形式共见，但不同篇章并不共见。5例"氣"见于《老子上经》《荆决》，5例"曁"见于《妄稽》《反淫》。

3. {識}

{識}的断代用字数据见表6-46。

表6-46 {識}用字形式的时代分布

用 字	总 计	秦	西汉早期	西汉中晚期	东 汉
職	14	8	5	1	
志	13		9	3	1
試	6		5	1	
蝕	1	1			
式	1			1	
織	1			1	

"職"见于秦简的例子较多，共8例。分布也较广，见于睡虎地秦简、里耶秦简、岳麓秦简。西汉早期的5例"職"均见于张家山汉简，9例"志"见于马王堆帛书7例，见于《老子》甲乙经、《十六经》、《要》等篇，银雀山汉简《晏子》2例。

（三）比较复杂或具有相似通用性的用字形式

1.{呼}

{呼}的断代用字数据见表6-47。

表6-47 {呼}用字形式的时代分布

用 字	总 计	秦	西汉早期	西汉中晚期	东 汉
謼	15	5	9	1	
乎	12		7	3	2
虖	12		12		
嘑	12	2	5	3	2
戲	8				8
歔	3				3
歎	1				1
評	1		1		
埠	1		1		

　　{呼}有4种用字形式频次均颇高，这几种用字形式之间具有同源关系，并非单纯的据音借用。[①]根据《说文解字》，呼吸的{呼}、呼喊的{呼}、招呼的{呼}各有本字。《口部》："呼，外息也。"《言部》："謼，詍謼也。"段注本改作"評也"。《言部》："評，召也。"段注："后人以呼代之，呼行而評废矣。"秦汉简帛中似无明显的意义区别。

　　具体用字形式在使用中有几点值得注意：

　　（1）从断代角度来看，从"虖"声的"謼""嘑"始于秦文字，明显要早一些。

　　（2）在叹词"呜呼"中，用字具有明显的时代差异。"乎"字12例，西汉早期马王堆帛书《九主》《相马经》、银雀山汉简《六韬》共7例，西汉中晚期北大汉简《周驯》、定州汉简《六韬》共3例，东汉石刻《沛郡故吏吴岐子根画像石墓题记》1例，这11例均为叹词"於/于/乌（呜）乎（呼）"。而8例"戲"字，均见于东汉石刻，除了《许安国墓祠题记》1例外，也均见于叹词"於（呜）戲（呼）"。

　　（3）"虖"字12例，均出现在西汉早期，分布在张家山汉简《引书》、马王堆医书简《天下至道谈》、银雀山汉简《贰：阴阳时令、占候之类》。作为较高频用字形式，其文献分布比较广，可能是当时比较通用的用字形式。

　　马王堆简帛多为传抄古书，来源复杂，用字形式也特别复杂。如"呼"的各种用字形式中，马王堆简帛就出现了6个。但是，就单篇文献而言，用字形式依然具有相当的一致性，只有《导引图》题记出现了两种用字形式（表6-48）。

表6-48　马王堆简帛{呼}用字形式的篇章分布

用字	总计	《导引图》题记	九主	五行	十问	天下至道谈	五十二病方	相马经	养生方	要
乎	3		2					1		
虖	2				1	1				
嘑	2						2			
謼	4	1		1					2	
評	1									1
墟	1	1								

[①] 王力：《同源字典》，商务印书馆，1982年，第141—142页。

2. {释}

{释}的断代用字数据见表6-49。

表6-49　{释}用字形式的时代分布

用　字	总　计	秦	西汉早期	西汉中晚期	东　汉
澤	45	3	4	38	
擇	22	7	12	3	
繹	10	4	5	1	
舍	7			7	
醳	4				4
𢍏	1	1			

记录{释}的前三种高频用字形式均分布在三个时代。最高频的用字形式"澤"，西汉中晚期的38例均出现在武威汉简《仪礼》中，36例见于《甲本泰射》，具有明显的文献分布特异性。如果排除这一特异性，{释}的前三种高频用字形式均有比较相近的通用性。秦、西汉早期的最高频用字均为"擇"，其他用字形式的文献分布见表6-50、表6-51。

表6-50　秦简牍{释}用字形式的文献分布

用　字	总　计	睡　虎　地	北　大　秦　简	岳　麓
擇	7	6		1
繹	4	2	2	
澤	3		3	
𢍏	1	1		

睡虎地秦简的用字具有一定的前后规律差异。《日书甲种》除了开头的013简、053简两例作"繹"外，后面3例均作"擇"。《日书乙种》除了开头104简的1例"𢍏"外，后面3例也作"擇"。北大秦简《隐书》2例作"澤"，《禹九策》1例作"澤"，2例作"繹"。

表6-51　西汉早期简帛{釋}用字形式的文献分布

用　字	总　计	马　王　堆	银　雀　山	张　家　山
擇	12	11		1
繹	5			5
澤	4	2	2	

马王堆帛书中的2例"澤"见于《老子》甲、乙本，其余均用"擇"。

3.{哉}

战国楚简中的{哉}主要使用"才"字，也见"𢦏""䇂""哉"等。秦、西汉早期简帛未见使用"哉"字的用例。张家山336号墓竹简《盗跖》篇整理者释"哉"的4个例子其实都是"𢦏"。{哉}的断代用字数据见表6-52。

表6-52　{哉}用字形式的时代分布

用　字	总　计	秦	西汉早期	西汉中晚期	东　汉
才	44		42	2	
𢦏	33		32		1
栽	2			1	1
兹	2		2		
材	1			1	
財	1		1		

"才""𢦏"两种高频用字形式主要见于西汉早期的马王堆简帛、银雀山汉简。具体数据见表6-53。

表6-53　西汉早期简帛{哉}高频用字形式的文献分布

用　字	总　计	马　王　堆	银　雀　山	张　家　山
才	42	32	10	
𢦏	32	23	7	2

马王堆简帛中，只见"戈"的篇章有《战国纵横家书》《相马经》《养生方》《衰》等，只用"才"的篇章有《九主》《明君》《五行》《老子乙本》《缪和》等。两种用字形式共见的篇章很少，只见于《老子甲本》《十六经》两篇。

银雀山汉简《晏子》《六韬》共见的例子交叉出现，其使用未见明显的分布规律。

（四）多种用字形式分析的总体结论

1. 一个词的多种用字形式一般都具有不同程度的差异。

大部分用字形式只在一个时代出现，跨越四个时代或者三个时代的用字形式并不多见。这说明就各个断代来看，用字形式的多样性远没有总体那么复杂。同一种文献中同时出现某个词的多种高频用字形式的情况更加少见。

2. 多种用字形式之间的声符具有读音关联，通常存在核心声符。

或全部相同，如{逾}的用字形式均从"俞"声；或可以分析出几种常用的声符，如{資}的用字多从"齐""次"声，{呼}的用字均以"乎""虍"为基础声符构件。大多拥有一个核心声符，例如，{逸}的8种用字形式中，最高频的前三种用字形式为"失""劮""佚"，均从"失"声，另外还有"怢""泆"，共计30例；不从"失"声的用字形式只有3种，共计7例。

五 用字形式记词功能的多样性及主要功能的判定

从"字"的视角来看，除了习惯记录某个词以外，用字还有可能被用来记录别的词，当然还有不作借字的本用。这种情况许多学者称之为"一字对多词"。一个字的不同记词功能并不处在同等的地位。如频次为100的字，借用记录某词只1次，而总频次只有10次的字，全部借用记录某词，两者的记词功能地位肯定是不一样的。通过用字形式总字量与记词量的比较，可以了解记词功能的地位差异。通过不同时代的比较，也可以了解其记词功能的发展变化。

前面讨论过的{動}的一种主要用字形式"僮"，《说文解字》释"未冠"，共见23例。其中，16例记录{動}，故记录{動}是其最主要的记词功能。马王堆帛书《阴阳五行乙篇·上朔》有3例用作"衝"。银雀山汉简《尉缭子》0513简有1例"遇

（愚）夫僮妇"，"僮""愚"同义对举。

再如，彼此的{彼}，从总体来看，{彼}的用字形式以"皮"声字为主，7例"坡"只见于马王堆三号墓医书简《十问》。非"皮"声的"罷"字共4例，只见于《老子甲本》《老子乙本》《十六经》（表6-54）。

表6-54　{彼}用字形式的时代分布

用　字	总　计	秦	西汉早期	西汉中晚期	东　汉
皮	35		34	1	
坡	7		7		
被	7		1	5	1
罷	4		4		
頗	2			2	
波	1			1	
柀	1	1			
佊	1			1	

1. 高频用字形式"皮"的记词功能

秦汉简帛中"皮"字的记词统计数据见表6-55。

表6-55　"皮"字记词功能的时代分布

字	词	总　计	秦	西汉早期	西汉中晚期	东　汉
皮		101	16	34	41	10
皮	彼	35		34	1	

秦、西汉中晚期、东汉时期，"皮"的主要记词功能是本用，记录皮肤的{皮}。只有在西汉早期文献中，借作{彼}的频次与本用频次相同，不过两种用法的文献分布具有明显的差异（表6-56）。马王堆简帛主要为本用，张家山汉简则主要为借用。

表6-56 "皮"字记词功能的文献分布

字	词	总计	阜阳	马王堆	银雀山	张家山	散简
皮	彼	34		4	6	24	
皮		34	3	20	2	7	2

2. 词形用字"彼"的记词功能

"彼"字的记词功能从秦到西汉早期有一个明显的变化，具体数据见表6-57。

表6-57 "彼"字记词功能的时代分布

字	词	总 计	秦	西汉早期	西汉 中晚期	东 汉
彼		66	10	27		29
彼	破	30	29	1		
祴	祴	4	2	1		1
彼	避	3	2	1		
彼	跛	2	2			
彼	披	1		1		

　　秦简牍中"彼"的主要功能是记录{破}，使用范围比较局限，29例均见于放马滩秦简《日书》。[①]本用的10例中，里耶秦简4例用作人名。

　　西汉早期文献中所见"彼"字主要功能则为本用。东汉石刻材料的30例中，有29例本用。

---

① 睡虎地秦简《日书甲种·秦除》13例{破}均使用"祴"记录。

第四节

词形用字共见性统计分析

上一节讨论的用字形式数量其实一般都不包括词形用字本身，也就是不含后世通用的用字形式。词形用字在秦汉简帛文献中的实际使用情况比较复杂，从统计的角度对其进行考察，不仅可以了解一个词的用字形式的变化，还可以了解词的发展变化。

讨论用字形式，首先需要考察词形用字在秦汉简帛中是否存在。不存在的词形用字，或见于传世的先秦两汉典籍，其中的原因值得思考。此外，同时存在的词形用字则需要思考文字使用的选择差异，即为什么不用词形用字，而用别的用字形式。

一 秦汉简帛未见使用词形用字

《用字谱》各卷《文献分布频率对照表》中的"词频"一列反映的是代表这个词形的用字形式即"词形用字"在当前卷各文献中的使用总量。"词频"列为空白时，说明词形用字在当前卷的文献中没有出现。但是这并不说明这个词形用字未见于别的断代分卷。这里讨论的未见使用的词形用字是指在整个《用字谱》涉及的秦汉简帛文献中未见使用的字。

据统计，《用字谱》所涉及的秦汉简帛中未见使用的词形用字共计910个。这个数据可以通过查找"读为字"字段与"字头"字段的不匹配项，再排除其中的重复值获得。

其中37条词形为用符号"–"连接的多个字形，这几个字形有可能在秦汉简帛文献中实际使用，用"–"连接在一起之后就无法找到匹配的实际使用字形。例如，"橡""腺"的词形用字标记为"遾–遁"，"遾""遁"实际上均见使用。这些需要区别对待，此暂不作详细讨论。

其余873个词形用字中，许多是比较晚起的字形。这跟《用字谱》以后世通行字为词形用字选择的第一标准相关。秦汉简帛中有5种以上用字形式的见表6-58。举前三个词形用字略作分析。

表6-58　秦汉简帛中有5种以上用字形式的词形用字

词	用字形式数	用　字
弣	8	憮彍儛撫付符拊柎
遍	7	辨扁偏辯徧變辮
勾	6	句備枸苟鉤袧
混	6	困昆緄運綸綍
途	6	涂徐塗除屠徒
寥	6	膠繆蓼澋廖覺
隳	5	隋隨蹱隋墮
肢	5	支枳枝胑節
奩	5	檢籢簽斂籨
耀	5	燿曜翟眺眺
紵	5	緒著縄褚楮

1. 弣

{弣}的词形用字"弣"，《说文解字》未收。《释名·释兵器》用"撫"字释"弣"："弣，撫也，人所撫持也。"秦汉简帛中的用字形式可以分为两组：一是从"無"声的字。共18例，是主要的用字形式，均出自居延汉简、居延新简、肩水金关汉简。《释名》的声训与秦汉简帛中的用字习惯相合。二是从"付"声的字。除了敦煌马圈湾0688简的1例"柎"字外，其余5例均出自武威汉简《仪礼·甲本泰射》。今本《仪礼》作"弣"。

2. 遍

{遍}的词形用字"遍"，未见于《说文解字》。《说文解字·彳部》收"徧"，训"帀"。朱骏声《说文通训定声》："徧，字亦作遍。"秦汉简帛中的用字形式主要也有两组。从"辡"声的"辨/辩/辬"主要见于"以某某律遍告"的语境。此外,"辨"还有23例出自武威汉简《仪礼》。从"扁"声的一组中,声符字"扁"主要见于西北屯戍汉简的"扁书"。"偏"主要见于西汉早期的张家山汉简。"徧"字3例均见于东汉石刻,另有张家山汉简《奏谳书》206简的1例,整理者释"徧",字形不是很清晰,很有可能还是"偏"字。

3. 句

{勾}的主要用字形式为"句","句""勾"是一组同形分化字。《说文解字》收"句",未收"勾"。此外,还有4个从"句"声的用字形式。

二 秦汉简帛已见使用词形用字

秦汉简帛文献中已见使用的词形用字共计1 751个,数量远超未见使用的词形用字。词形用字除了本用之外,借用来记录其他词的情况十分常见。例如,《英国国家图书馆藏斯坦因所获未刊汉文简牍》2986号《苍颉篇》的"荅"字,北大汉简《苍颉篇》作"菩"。"荅"在北大秦简《禹九策》、居延新简EPT20.31中用作"畣",武威汉简《仪礼·丙本丧服》中用作"舅"。

秦汉简帛文献的用字中,有一种词形用字之间互相通用的情况,即A用作B,B又用为A。这往往反映了文字使用过程中的关系变化发展,特别值得注意,这里略作讨论。

(一)互相通用的用字组数量概貌

这类用字组的频次有时差别很大,有时比较接近。例如,伯(柏)仅2例,柏(伯)则有40例;[1]营(熒)、熒(营)均有18例。这种情况既可能反映用字地位的差异,也可能反映用字的时代变化、文献分布等特点。

这类互相通用的例子可以通过《用字频率断代对照总表》中"词"和"字"两个字段的交叉自连接获得,共计184组。[2]再通过两种用字形式的频次差距(即最高频的用字形式减去最低频的用字形式)排序,进一步发现使用频次的区别。表6-59为频次

---

[1] "柏(伯)"用字组的使用情况,详参张再兴:《简帛材料所反映的汉代特色用字习惯》,《Journal of Chinese Writing Systems(中国文字)》,2019年第4期。

[2] 此统计数据排除使用频率在2次以下的用字组。

差异很大的互相通用用字组举例。表6-60为频次基本相同的互相通用用字组举例。

表6-59 频次差异很大的互相通用用字组举例

用字组1	频次1	用字组2	频次2	平均频次	频次差距
毋（無）	1 686	無（毋）	24	855	1 662
智（知）	480	知（智）	125	302.5	355
有（又）	445	又（有）	209	327	236
隊（燧）	365	燧（隊）	3	184	362
五（伍）	252	伍（五）	5	128.5	247
梁（粱）	200	粱（梁）	16	108	184
與（予）	137	予（與）	5	71	132

表6-60 频次基本相同的互相通用用字组举例

用字组1	频次1	用字组2	频次2	平均频次	频次差距
候（侯）	13	侯（候）	12	12.5	1
雇（顧）	10	顧（雇）	9	9.5	1
象（緣）	4	緣（象）	4	4	0
獵（臘）	3	臘（獵）	3	3	0
營（熒）	18	熒（營）	18	18	0

从互相通用用字组的使用频次来看，频次相同者14例，占7.6%。频次差距为1者32例，占17.39%。可见，这类用字组大多存在使用频次的差异，只是差异的程度存在不同。

频次差异很大的互相通用用字组，往往能够反映出习惯性用字和临时性用字的差异。例如，我们讨论过高频用字组"五（伍）"，[1]《用字谱》收录秦简牍211例，西汉早期简帛20例，西汉中晚期简牍20例，东汉简牍1例，共计252例。但是也有5例"伍（五）"，其中，秦简牍3例，分别为：（1）《岳麓书院藏秦简（肆）》第一组

---

[1] 姜慧、张再兴：《秦汉简牍文献用字习惯考察三则》，《古汉语研究》2017年第1期。

056简的"伍（五）人"，相对的简文还有"廿人""卅人"。（2）放马滩秦简322简的"得其后伍（五）"、"不得其前后之伍（五）"，同简前面有"得其前五"。西汉早期马王堆帛书《相马经》002下的"乃中参伍（五）"。（3）东汉尚德街简牍101简的"伍（五）佰（百）"。这5个例子应该是一种临时性的借用。

对频次差异很小的用字组进一步细化，深入不同的时代和不同的文献进行分析，发现其使用也存在着或多或少的差异，真正几乎等同的互相通用用字组其实非常少。

频次差异很大或很小的用字组，其实际使用情况存在不少的差别。例如，时代的差别、文献分布的差别、篇章的差别等，需要进行比较深入的分析。我们分别讨论几个例子。

（二）频次差异很大的用字组

1. 智—知

在《用字谱》所涉及文献的字形表中筛选出"字头""读为字"两个字段中所有包含"智""知"的记录，也就是用字形式和读法均为"智"或"知"的记录。"智""知"记词功能的断代统计见表6-61。①

表6-61 "智""知"记词用字的时代分布

用　字	总　计	秦	西汉早期	西汉中晚期	东　汉
知	1 005	2	454	395	154
知（智）	125		105	13	7
智	98	31	31	29	7
智（知）	480	230	128	122	
合计	1 708	263	718	559	168

上表中的数据显示出几个比较明显的规律：

（1）总体上看，"知"的本用频次要远高于"智"的本用频次。"知"与"知（智）"的比例约为8：1，而"智"与"智（知）"的比例约为1：5。

---

① 此表未列频次较少的"智""知"其他用法、读法存疑的字，以及其他记录{智}{知}的字。

（2）西汉早期开始，"知（智）"的例子大量增加，不过西汉中晚期开始又大幅减少。而"智（知）"的比例从西汉早期开始明显降低，东汉时期已不见。从这些数据趋势可以看出，"知""智"的使用存在比较明显的区分清晰的趋势。

（3）"知"的使用频率在不断增加，而"智（知）"的使用频率则在不断降低。这一变化趋势在秦和西汉早期之间最为明显。

（4）秦简牍文献中，未见"知（智）"，而"智（知）"的使用频次非常高。"知"字共2例，均见于岳麓书院藏秦简《占梦书》35、36简，语境均为"知邦端"。整理者认为"知"为"主持掌管"，释"端"为"政"的避讳字，"邦政"即国家军政。[①]这样，秦简牍中的"知"字未见记录知道的{知}，此词均用"智"字记录。秦简牍中"智""知"的具体文献分布见表6-62。

表6-62　秦简牍"智""知"记词用字的文献分布

用字	总计	睡虎地	岳麓	里耶	北大	放马滩	龙岗	周家台	散简
智（知）	230	54	85	52	28	4	2	3	2
智	31	3	24	3	1				
知	2		2						

（5）西汉早期材料中，"知"的使用频率已大大超过了"智（知）"。不过"智""知"的通用情况相对还是比较复杂，当时两者的区分很不明确。当然，这也可能与这一时期的材料多是传抄古书、用字情况存在不同的层次有关。西汉早期简帛中的"智""知"文献分布见表6-63。

表6-63　西汉早期简帛"智""知"记词用字的文献分布

用　字	总　计	马王堆	银雀山	张家山	凤凰山	阜　阳
知	454	326	123			5
智（知）	128	28	26	71		3

---

① 朱汉民、陈松长主编：《岳麓书院藏秦简（壹）》，上海辞书出版社，2010年，第167页。

续　表

用　字	总　计	马王堆	银雀山	张家山	凤凰山	阜　阳
知（智）	105	83	22			
智	31	8	12	3	2	6

张家山汉简的法律文献、医书、兵书均用"智（知）"，未见"知"。

马王堆简帛中，28例"智（知）"主要见于《刑德》《五十二病方》《天下至道谈》等术数类文献，这些文献中均未见"知"字。"智（知）"与"知"共见的篇章及频次比例为：《老子甲本卷后古佚书·九主》3:2、《战国纵横家书》14:2、《周易卷后佚书·二三子问》2:2。

银雀山汉简中有只用"知"的篇章，如《六韬》《守法守令等十三篇》，也有仅用"智（知）"的篇章，如《晏子》《贰：阴阳时令、占候之类》。《孙膑兵法》等篇章则二者共见，且无明显的分布规律。具体篇章分布数据见表6-64。

表6-64　银雀山汉简"智""知"记词用字的篇章分布

用字	总计	孙子兵法	孙膑兵法	六韬	尉缭子	晏子	守法守令等十三篇	壹：论政论兵之类	贰：阴阳时令、占候之类	叁：其他
知	123	29	23	12			10	45		4
智（知）	26	2	11			4		6	2	1
知（智）	22	3	2	2	2			13		
智	12	6	1			1			4	

2. 有—又

总体上看，"有（又）"的频次要比"又（有）"高一倍以上。见表6-65。除西汉早期外，不同时代的数量差异非常明显。这种情况反映了"有""又"二字当时的混用面貌。裘锡圭先生指出："在古代有一段时间里（下限大约是西汉），'又'、'有'二字都可以用来表示有无的{有}。另一方面，这两个字也都可以用来表示副词{又}。后来，除了用于整数和零数之间的{又}，既可以写作'又'也可以写作

'有'之外，'又''有'二字有了明确的分工。'又'不再用来表示有无之'有'，'有'也不再用来表示副词{又}。"[1]通过分析秦汉简帛的用字数据，可以证明混用时间下限确实为西汉，同时也可以看到一些用字变化的具体细节。具体断代用字数据见表6-65。

表6-65 "有""又"记词用字的时代分布

用　字	总　计	秦	西汉早期	西汉中晚期	东　汉
有（又）	445	158	197	88	2
又（有）	209	13	194	2	
有	5 515	1 263	2 174	1 489	589
又	372	7	20	270	75

（1）总体上看，秦汉简帛中的{有}和{又}的用字形式均存在不同程度的向各自的词形用字"有"和"又"发展的趋势。

{有}的用字形式中，词形用字"有"的总使用频次要远高于借字形式"又"的使用频次。从时代发展角度来看，"又（有）"的使用存在一个明显的起落过程。秦简牍中只有13例，约为"有"的1%，到西汉早期的194例，达到了"有"的近10%。到了西汉中晚期，"又（有）"又只剩下2例，分别见于定州汉简《论语》0544简和武威汉简《仪礼·甲本士相见之礼》1简，两者均是传抄古书。东汉时期则已不见。因此，有理由认为西汉中晚期的实际使用中，"又"已经不再用作"有"。

{又}的用字形式中，词形用字"又"的总频次虽然要比借字形式"有"低不少，但是"又"的增加趋势非常明显。"又"的频次从秦和西汉早期的远低于"有（又）"，到西汉中晚期已经是"有（又）"的三倍，东汉时期的差异更加显著。

因此，{有}和{又}两个词的用字形式都处在明显的逐渐明确过程中。

（2）西汉早期，"有（又）"和"又（有）"的总体使用频次几乎没有区别。不过在西汉早期不同文献中的分布具有很大的差异（表6-66）。

---

[1] 裘锡圭：《文字学概要（修订本）》，商务印书馆，2013年，第229页。

表6-66　西汉早期简帛"有""又"记词用字的文献分布

用字	总计	马王堆	银雀山	张家山	阜阳	孔家坡	香港中大	凤凰山	散简
有	2 174	1 221	398	272	137	106	23	11	6
有（又）	197	92	19	79	3	1	3		
又	20	18						2	
又（有）	194	194							

张家山、银雀山等文献只见"有（又）"，而马王堆简帛两种形式共见，不过"又（有）"的数量是"有（又）"的一倍以上。具体到各篇章，分布也有明显差异。使用"有（又）"例子较多的篇章有《养生方》《五十二病方》《战国纵横家书》等。使用"又（有）"例子较多的篇章有《老子乙本》《相马经》《天文气象杂占》《刑德乙篇》《周易卷后佚书》等。

与词形用字进行对比，不同篇章也有不同。《天文气象杂占》第五列，3—10行共13例用"又（有）"，第1行及11行开始的10例用"有"。《老子甲本》有64例"有"，而没有"又（有）"，《老子乙本》则既有53例"有"，又有16例"又（有）"，而且分布没有明显的规律。例如，030/204下—031/205上："小国寡民，使有十百人器而勿用，使民重死而远徙。又（有）周（舟）车无所乘之，有甲兵无所陈之。"同一行两者共见。只有开头10例和最后13例均用"有"，中间部分交错使用。这种情况应该正是使用尚不明确的反映。

3. 攻—功

"攻（功）"和"功（攻）"的使用频次都不少，频次差异也比较大。不过两者的分布具有比较明显的时代差异（表6-67）。

表6-67　"功""攻"记词用字的时代分布

用　字	总　计	秦	西汉早期	西汉中晚期	东　汉
功	838	7	171	500	160
攻（功）	59	47	12		

续　表

用　字	总　计	秦	西汉早期	西汉中晚期	东　汉
功（攻）	92	2	81	7	2
攻	311	63	207	37	4

　　总体上看，词形用字的使用最为普遍，借字形式的使用较少。另外，{功}使用词形用字的比例要比{攻}高很多，而且{功}使用"攻"的时间只集中在秦和西汉早期，这种用字形式的消失速度很快。

　　表6-67的数据还反映出两种借字形式的时代分布具有明显差异。"攻（功）"主要出现在秦简牍文献中，而"功（攻）"则主要出现西汉早期文献中。

表6-68　秦简牍"功""攻"记词用字的文献分布

用字	总计	睡虎地	里耶	岳麓	放马滩	北大秦简	周家台	散简
功（攻）	2		2					
攻	63	52	3	4		2	1	1
攻（功）	47	18	2	13	12	2		
功	7		7					

　　秦简牍中{功}{攻}两个词在词形用字与借字的使用频次比呈现出相反的数量特征。记{功}用字中，"攻"的文献分布很广，可以说遍布整个秦简牍文献。词形用字"功"的7例，则只出现在里耶秦简中。相反，记{攻}用字中，借字形式的"功"仅有2例，均出现在里耶秦简中，而词形用字"攻"的文献分布很广（表6-68）。

　　相对来说，主要为行政文书性质的里耶秦简的用字形式最为复杂。两种借字形式中，2例"功（攻）"的语境均为"攻盗"。[①]2例"攻（功）"的语境分别为"功次""上功"。[②]

---

① 里耶秦简9-2570Z、9-2996Z简。
② 里耶秦简9-0939Z+9-0897Z、9-1078B简。

表6-69　西汉早期简帛"功""攻"记词用字的文献分布

用字	总计	马王堆	张家山	孔家坡	银雀山	阜阳	香港中大
功	171	110	3	10	47		1
功（攻）	81	68	1	4	7	1	
攻	207	81	51	1	64	10	
攻（功）	12	10	1	1			

西汉早期简帛中{攻}的用字形式相对比较混乱（表6-69）。词形用字"攻"和借字形式"功"的分布均比较广，但在不同文献中的比例有所不同。同一种文献中也有混用的例子。例如，张家山汉墓竹简的1例"功（攻）"，见于247号墓的《二年律令·盗律》062简，语境为"功（攻）盗"，《贼律》001简则作"攻盗"。2022年出版的336号墓的《汉律十六章》的用字相同，《贼律》001简作"攻盗"，《盗律》059简作"功（攻）盗"。[①]

"功（攻）"的使用主要见于马王堆简帛，其中《战国纵横家书》有58例，其中的分布具有相当的规律性。"功（攻）"主要位于该篇的前半部分，而后半部分主要用"攻"。[②]

西汉早期简帛中的{功}绝大多数使用"功"。使用"攻"只有12例，具体分析如下：

张家山汉简的1例"攻（功）"见于《算数书》054简，语境为"有攻（功）五十尺"，同篇无其他"功"的用例。

孔家坡汉简的"攻（功）"仅1例，见于《日书》257简"不可兴土攻（功）"。同篇还有9例"土功"，均用"功"。

银雀山汉简无"攻（功）"，只有47例"功"。银雀山汉简的抄写时间比较迟，可能当时"攻（功）"已经不再使用，这可以进一步说明这种用字形式的消失较早。[③]

---

① 荆州博物馆编、彭浩主编：《张家山汉墓竹简［336号墓］》，文物出版社，2022年。
② 陈怡彬：《〈战国纵横家书〉用字习惯内部差异考察》，载张再兴、刘艳娟、林岚等著：《基于语料库的秦汉简帛用字研究》，广西师范大学出版社，2023年，第158—169页。
③ 林岚对{攻}{功}的用字变化及原因有过比较详细的研究，详参林岚：《西汉早期简牍（18种）用字习惯研究》，华东师范大学硕士学位论文，2021年，第105—109页。

（三）频次差距很小的用字组

频次差距很小的用字组，如果进行比较深入的分析，也可以发现一些规律性的特征。

1. 时代分布差异

例如，"獵（臘）""臘（獵）"两组用字，频次都是3次。但是，前者见于香港中文大学文物馆所藏东汉时期《序宁简》，秦汉时期"臘"字的主要书写形式为"臘"。后者见于西汉早期马王堆帛书的《老子》甲、乙本和《阴阳五行乙篇·上朔》，而且"獵"的主要用字形式是"邋"，共有21例。

再如，象（緣）、緣（象）两组用字，频次都是4次。前者见于西汉中晚期的肩水金关汉简，另一用字形式"掾"共78次，均见于马王堆汉墓遣策。后者见于西汉早期的马王堆帛书《周易系辞》以及《周易》卷后佚书《衷》篇。可以看出，马王堆帛书以"緣"为"象"，而以"掾"为"緣"。

2. 文献分布差异

營（熒）、熒（營）两组用字的频次都是18次，但是文献分布并不相同。

"熒（營）"见于北大汉简《老子下经》1例，其余17例均见于马王堆帛书《式法（阴阳五行甲篇）》。

"營（熒）"见于张家山汉简《盖庐》2例，银雀山汉简1例，其余见于马王堆帛书的15例分布于《刑德甲篇》《刑德乙篇》《阴阳五行乙篇》《五星占》。可见，这两种用字形式分布在马王堆帛书的不同篇章中，不在同一篇章中出现。

后记

1998年，由于撰写博士学位论文的需要，我开始自学 Access 数据库。从那时算起，使用 Access 数据库已经有二十多个年头。在此期间，主持设计并参与建设了多种古文字数据库，涉及殷商甲骨文、商周金文、战国楚简文字、秦汉文字等。基于 Access 数据库，设计了《商周金文数字化处理系统》《战国楚文字数字化处理系统》软件光盘以及古文字网络检索系统。基于 Access 数据库，开发了一些工具书自动编纂程序，编纂了《金文引得》《古文字考释提要总览》《中国异体字大系·篆书编》《商周金文原形类纂》《秦汉简帛文献断代用字谱》等文字学工具书。这些工作过程让我积累了一些数据库操作的经验和教训。

2001年，华东师范大学中国文字研究与应用中心获得批准成为教育部人文社科重点研究基地。基地自建立以来，即以文字学的数字化研究作为重点，因而对具备文字学和数据库技术的复合人才具有比较强烈的需求。我开始承担研究生的数据库课程教学工作。出于教学需要，我编撰了《Access 数据库在语言文字研究与教学中的应用》一书，由江西高校出版社于2003年出版。此后该书一直作为研究生课程《数据库与语言文字研究》的教材使用。文字中心的研究生大多选修或旁听了这门课程，掌握了基本的 Access 使用方法，在文字中心的数据库建设工作中起到了重要作用。

2022年初，上海辞书出版社的姜慧女史提出修订重版该书的设想。考虑到数据库的不断更新迭代和自己多年来对文字学数据库的开发实践，决定在原书基础上重新改写，定名为《Access 数据库文字学应用实例》。这一计划得到了中国文字研究与应用中心领导的支持，并有幸得到2022年度华东师范大学研究生课程建设计划项目资助。

此次改写的重点主要有以下几个方面：

1. Access数据库经历了多次版本更新，功能和界面有比较大的变化。本书所依据的是最新的Access 2021版本。

2. 根据教学和研究的积累进行了内容上的修正、细化，尽量补充用例。在教学过程中，同学们对于功能与应用比较难以理解，常问“这样做干什么”。所以本书着重从应用出发，尽量使用具体的文字学研究与应用实例介绍Access的功能。

3. 只侧重文字学方面的应用。我的文字学研究领域主要集中在商周金文和秦汉简帛文字，因此举例多是这两个方面，再加上传世字书《说文解字》，大致上能够反映文字学研究中数据库应用的基本内容。

4. 文字学工具书的自动化编纂和基于定量统计分析的秦汉简帛用字研究是我多年来的主要研究方向。本书后面两章举例说明了Access数据库在这两个方面应用的基本思路和方法。

感谢责任编辑姜慧女史的设想使本书得以形成。也感谢她在编辑过程中精益求精、细心负责的编辑努力，使本书呈现出完美的形态。

感谢叶晓蕾、林岚、游佳颜、张艺丹等同学校读了书稿的全部或部分章节，提出了不少宝贵的修改意见。

感谢每一位听过课的同学，课堂上的提问互动给了我许多启发，促进了我的进一步思考。

本书的主要部分是这三年的寒暑假在故乡浙江新昌完成的。离开都市，满是紧张和焦虑的心得到放松。本书的不少想法就是行走在乡间小路时形成的。感谢盛伟刚、杨其元、杨弋昌等老同学、老朋友常常陪着我徜徉山水。

本书对于Access数据库的功能，特别是VBA函数只选择了与文字学关系比较密切的部分内容进行基本的入门介绍。有兴趣的读者可以进一步参阅更为详细的Access技术书籍或者微软的技术网站。

多年来一直徘徊在学术和技术的十字路口，既没能进行深入的文字学研究，又做不到精通技术，是为尴尬，亦为憾事。自己的Access数据库知识完全靠自学，因而对数据库的理解也很粗浅，本书有许多不够专业的地方，敬请读者批评指正。

2024年2月于浙江新昌

图书在版编目（CIP）数据

Access数据库文字学应用实例 / 张再兴著. -- 上海：
上海辞书出版社，2024. -- ISBN 978-7-5326-6278-4

Ⅰ. TP311. 132. 3；H12

中国国家版本馆CIP数据核字第20244C3X50号

Access数据库文字学应用实例

张再兴　著

责任编辑　姜　慧
装帧设计　王轶颀
责任印制　曹洪玲

出版发行　上海世纪出版集团
　　　　　上海辞书出版社®（www. cishu. com. cn）
地　　址　上海市闵行区号景路159弄B座（邮政编码：201101）
印　　刷　苏州市越洋印刷有限公司
开　　本　787毫米 × 1092毫米　1/16
印　　张　23.5
字　　数　392 000
版　　次　2024年11月第1版　2024年11月第1次印刷
书　　号　ISBN 978-7-5326-6278-4/T・211
定　　价　128.00元

本书如有质量问题，请与承印厂联系。电话：0512-68180638